# 高 等 数 学

## （文　科）第二版

主　　编　龚乐春

副主编　唐志丰

编　　者　林　凌　余琛妍

ZHEJIANG UNIVERSITY PRESS

浙江大学出版社

·杭州·

图书在版编目（CIP）数据

　　高等数学：文科／龚乐春主编. —杭州：浙江大学
出版社，2009.4（2024.1 重印）
　　ISBN 978-7-308-06646-4

　　Ⅰ.高… Ⅱ.龚… Ⅲ.高等数学－高等学校－教材
Ⅳ.O13

中国版本图书馆 CIP 数据核字（2009）第 034525 号

高 等 数 学（文科）（第二版）

龚乐春　主编

---

责任编辑　徐　霞
封面设计　刘依群
出版发行　浙江大学出版社
　　　　　（杭州市天目山路 148 号　邮政编码 310007）
　　　　　（网址：http://www.zjupress.com）
排　　版　杭州好友排版工作室
印　　刷　杭州高腾印务有限公司
开　　本　850mm×1168mm　1/32
印　　张　7
字　　数　195 千
版 印 次　2012 年 8 月第 2 版　2024 年 1 月第 8 次印刷
书　　号　ISBN 978-7-308-06646-4
定　　价　29.00 元

---

# 内容简介

  本书内容由初等微积分、线性代数初步和概率统计初步三部分组成。三个部分各有四、三、三章，全书共有十章，各章配有习题，书后附有习题答案。

  本书可作为高等院校法学、新闻、工艺设计、外语等文科专业学生学习高等数学的教材或参考书。

# 前　　言

近代数学和应用数学有了飞速的变化和发展,这些变化和发展不但使数学本身更加严密、更加系统、更加科学,而且使得数学在自然科学、社会科学等各个领域有了越来越广泛的应用。数学在现代社会、现代文化中扮演了越来越重要的角色。

数学是从公理化体系出发,逻辑推理出整个系统的一门学科,其严谨的逻辑推理和归纳演绎的思维方式能够帮助人们思考和研究社会、经济和政治问题,并对问题作出正确的归纳和判断,学习数学的这种思维方式对将来从事意识形态、文化、文秘、企事业管理或者部门领导等工作的大学文科专业学生来说无疑是非常重要的。改革开放以后,高等数学逐渐成为我国高等院校文科多数专业甚至包括纯语言的外语专业在内的文科专业的必修课。

编者在多年的为高校文科专业学生开设高等数学的教学实践基础上编写了本教材。考虑到教学对象的特殊性,本教材力求以通俗的语言,由浅入深地向读者介绍高等数学最基础的知识。本书由初等微积分、线性代数初步和概率统计初步等三部分组成。第一部分初等微积分的第一章叙述了集合、函数等概念,第二章叙述了极限和连续概念,第三章叙述了导数、微分概念、导数计算及导数在研究函数的简单性态和经济问题上的一些应用,第四章讲述了不定积分、定积分的计算,利用定积分求平面图形面积和基尼系数等。第二部分是线性代数初步,由行列式、矩阵及用初等行变换法解线性方程组等三章组成。第三部分是概率统计初步,由随机事件及其概率、随机变量和一元正态分布和统计初步等三章组成。全书在内容的编写上尽可能做到科学性和通俗性相结合，理论和实际相结合，并力求条理清楚、重点突出。

　　本书第一部分的第一、二章由余琛妍编写，第三、四章由林凌编写，第二部分由唐志丰编写，第三部分由龚乐春编写。主编龚乐春对全书作了修改整理，副主编唐志丰作了统稿。

编　者

# 目　　录

## 第一部分　初等微积分

# 第二部分　线性代数初步

# 第三部分　概率统计初步

# 第一部分　初等微积分

　　数学中研究导数、微分及其应用的部分叫做微分学,研究不定积分、定积分及其应用的部分叫做积分学. 微分学与积分学统称为微积分学.

　　微积分学是高等数学最基础、最重要的组成部分,它是现代许多学科及其分支的基础. 恩格斯曾指出:"在一切理论成就中,未必再有什么像 17 世纪下半叶微积分的发明那样被看作人类精神的最高胜利了."

　　本部分简单介绍一元函数微积分学的基本理论及应用.

# 第一章 初等函数

函数是微积分学研究的主要对象,本章我们将复习函数的有关概念.

## 第一节 集 合

具有某种特定性质的对象的总体称为**集合**,组成这个总体的对象称为该集合的**元素**.

集合通常用大写字母 $A,B,C$ 等表示,其元素用小写字母 $a,b,c$ 等表示.

设 $A$ 是一个集合,如果 $a$ 是 $A$ 的元素,就说 $a$ **属于** $A$,记作 $a \in A$;如果 $a$ 不是 $A$ 的元素,就说 $a$ **不属于** $A$,记作 $a \notin A$(或 $a \overline{\in} A$). 含有有限个元素的集合称为**有限集**,否则称为**无限集**.

一般用列举法和描述法表示一个集合. 所谓列举法就是把集合的所有元素一一列举出来. 例如,由 $2,4,6,8,10$ 五个数组成的集合 $A$ 可表示成

$$A = \{2,4,6,8,10\}.$$

所谓**描述法**就是把集合中元素的公共属性描述出来. 一般用

$$\{a \mid a \text{ 具有的性质}\}$$

来表示具有某种性质的全体元素 $a$ 构成的集合,如上述的集合 $A$ 也可以表示成

$$A = \{2n \mid n = 1,2,3,4,5\}.$$

实数集 $\mathbf{R}$,自然数集 $\mathbf{N}$,整数集 $\mathbf{Z}$,正整数集 $\mathbf{Z}^+$,有理数集 $\mathbf{Q}$ 为

常用集合，其中有理数集 **Q** 可表示为

$$\mathbf{Q}=\left\{\frac{p}{q}\,\middle|\,p\in\mathbf{Z},q\in\mathbf{Z}^{+},\text{且 }p\text{ 与 }q\text{ 互质}\right\}.$$

设 $A,B$ 是两个集合，如果 $A$ 的元素都是 $B$ 的元素，那么称 $A$ 是 $B$ 的**子集**，记作 $A\subset B$，读作 $A$ 包含于 $B$ 或 $B$ 包含 $A$. 如果 $A\subset B,B\subset C$，那么 $A\subset C$，即包含具有传递性. 规定空集 $\varnothing$ 是任何集合 $A$ 的子集.

若 $A\subset B$，且 $B\subset A$，则称集合 $A$ 与集合 $B$ **相等**，记作 $A=B$. 例如，设

$$A=\{1,2\},\quad B=\{x\,|\,x^{2}-3x+2=0\},$$

则 $A=B$.

设 $A,B$ 是两个集合，称集合 $\{x\,|\,x\in A$ 或 $x\in B\}$（即由 $A$ 与 $B$ 的全体元素构成的集合）为 $A$ 与 $B$ 的**并集**，记作 $A\cup B$；称集合 $\{x\,|\,x\in A$ 且 $x\in B\}$（即由 $A$ 与 $B$ 的所有公共元素构成的集合）为 $A$ 与 $B$ 的**交集**，记作 $A\cap B$. 若 $A\cap B=\varnothing$，则称 $A$ 与 $B$ **互不相交**.

能与自然数集建立一一对应关系的无限集称为**可列集**.

例如，集合

$$A=\{a\,|\,a=2n+1,n\in\mathbf{Z}\}$$

是可列集合；等比数列 $\{aq^{n}\}$ 中的项组成的集合

$$B=\{a,aq,aq^{2},aq^{3},\cdots,aq^{n},\cdots\}$$

也是可列集.

有时，我们研究某个问题限定在一个大的集合 $I$ 中进行，所研究的其他集合都是 $I$ 的子集，此时，我们称集合 $I$ 为**全集**或**基本集**. 设 $A\subset I$，称集合 $\{x\,|\,x\in I$ 且 $x\notin A\}$ 为 $A$ 的**补集**，记作 $\overline{A}$.

显然：

$$A\cup A=A;$$
$$A\cap A=A;$$
$$A\cup B=B\cup A;$$
$$A\cap B=B\cap A;$$
$$(A\cap B)\subset A\subset(A\cup B);$$

$$\overline{A \cup B} = \overline{A} \cap \overline{B};$$
$$\overline{A \cap B} = \overline{A} \cup \overline{B}.$$

# 第二节　实数与实数集

**一、实数与数轴**

高等数学主要是在实数范围内讨论问题的,因此我们有必要简单回顾一下实数的一些属性.

实数的分类如下:

$$实数\begin{cases} 有理数\begin{cases} 正、负整数与零 \\ 正、负分数 \end{cases} \\ 无理数\begin{cases} 正无理数 \\ 负无理数 \end{cases}（无限的不循环小数） \end{cases}$$

实数与数轴上的点是一一对应的,有理数对应的点称为**有理点**.有理数集 **Q** 除了可以在其中定义四则运算外,还具有**有序性**（即在数轴上有理点是从左向右按从小到大次序排列的）和**稠密性**（即任意两个不相等的有理点之间仍有有理点）.但数轴并不被有理点所填满,有理点与有理点之间还有空隙,例如 $\sqrt{2}$,$\pi$ 都是无理数,对应的点称为**无理点**.可以证明,任意两个有理点之间必有无理点.无理点与有理点填满了整个数轴.

**二、绝对值与邻域**

实数 $x$ 的绝对值

$$|x| = \begin{cases} x, & 当 \ x > 0, \\ 0, & 当 \ x = 0, \\ -x, & 当 \ x < 0. \end{cases}$$

从几何上讲,$|x|$ 表示点 $x$ 到原点的距离.实数 $x$ 和 $y$ 差的绝对值 $|x-y|$ 表示点 $x$ 与点 $y$ 的距离.

实数的绝对值有下述性质:

(1) $|x|\geqslant 0$, $|x|=0\Leftrightarrow x=0$；

(2) $-|x|\leqslant x\leqslant|x|$；

(3) $a>0$, $|x|\leqslant a\Leftrightarrow -a\leqslant x\leqslant a$；

(4) $a>0$, $|x|\geqslant a\Leftrightarrow x\leqslant -a$ 或 $x\geqslant a$；

(5) $||x|-|y||\leqslant|x\pm y|\leqslant||x|+|y||$.

设 $a$ 为实数，$\delta$ 为正数，称集合

$$\{x\mid|x-a|<\delta\}$$

为以 $a$ 为中心、$\delta$ 为半径的**邻域**，简称为 $a$ 的 $\delta$ 邻域，记作 $\bigcup(a,\delta)$. 称集合

$$\{x\mid 0<|x-a|<\delta\}=\{x\mid a-\delta<x<a+\delta \text{ 且 } x\neq a\}$$

为 $a$ 的一个 $\delta$ **空心邻域**，记作 $\overset{\circ}{\bigcup}(a,\delta)$. 当不必指明邻域半径时，我们

用 $\bigcup(a)$ 和 $\overset{\circ}{\bigcup}(a)$ 分别表示 $a$ 的邻域和 $a$ 的空心邻域. 分别称集合

$$\{x\mid a\leqslant x<a+\delta\} \quad \text{和} \quad \{x\mid a-\delta<x\leqslant a\}$$

为 $a$ 的**右邻域**和 $a$ 的**左邻域**. 若上述集合除去 $a$ 点，则分别称为 $a$ 的空心右邻域和 $a$ 的空心左邻域.

# 第三节　函数的概念

**引例**　半径为 $r$ 的圆的面积为

$$S=\pi r^2, \ r>0$$

在这个关系式中，对于每个半径 $r$，都有唯一的面积 $S$ 值与之对应.

**定义**　设 $D$ 是一个给定的实数集，$f$ 是一个确定的对应关系. 如果对于 $D$ 中的每个元素 $x$，通过 $f$ 都有 $\mathbf{R}$ 内唯一确定的元素 $y$ 与之对应，那么就称 $f$ 为从 $D$ 到 $\mathbf{R}$ 的一个**函数**，记为

$$f: D\to\mathbf{R} \quad \text{或} \quad y=f(x).$$

上述定义中，我们用"唯一确定"来表明所讨论的函数都是单值的. $D$ 称为函数 $f$ 的**定义域**，而 $f$ 的全体函数值的集合

$\{f(x)\mid x\in D\}$

称为函数 $f$ 的**值域**,通常用 $M$ 来表示,即 $M=\{f(x)\mid x\in D\}$. 由此我们说 $y$ 是 $x$ 的函数,其中 $x$ 叫做**自变量**,$y$ 叫做**因变量**. 若不特别声明,函数定义域就是使 $f(x)$ 有意义的全体 $x$ 的集合,称为**自然定义域**.

　　一个函数由对应关系 $f$ 和定义域 $D$ 完全确定,而与函数自变量和因变量选用什么字母表示没有关系. 因此,对应关系和定义域是确定一个函数的两大要素. 如果两个函数的定义域相同,对应关系也相同,那么这两个函数是相同的. 例如 $y=\ln x^2$ 和 $y=2\ln x$ 是两个不同的函数,而 $y=x^3(\sin^2 x+\cos^2 x)$ 和 $s=t^3$ 是相同函数.

　　函数的表示方法一般有解析法(公式法)、图示法和表格法三种.

　　**例 1-1**　绝对值函数

$$y=|x|=\begin{cases} x, & x\geqslant 0, \\ -x, & x<0 \end{cases}$$

当 $x\geqslant 0$ 时的解析表达式为 $y=x$,当 $x<0$ 时为 $y=-x$.

　　它的图像如图 1-1 所示.

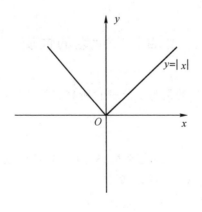

图 1-1

　　这种由两个或两个以上的解析表达式表示的函数,称为**分段**

函数.

**例 1-2** 符号函数
$$y = \mathrm{sgn}\, x = \begin{cases} -1, & x < 0, \\ 0, & x = 0, \\ 1, & x > 0 \end{cases}$$

也是一个分段函数,它的图像如图 1-2 所示.

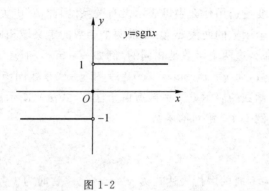

图 1-2

## 第四节　函数的性质

研究函数的目的是为了了解它所具有的特性,以便掌握它的变化规律.

**一、奇偶性**

设函数 $y = f(x)$ 的定义域 $X$ 为一个对称数集,即对于任一 $x \in X$ 时,有 $-x \in X$. 若函数满足
$$f(-x) = -f(x), \quad x \in X,$$
则称 $f(x)$ 为**奇函数**; 若函数满足
$$f(-x) = f(x), \quad x \in X,$$
则称 $f(x)$ 为**偶函数**.

例如，$y = x^2$，$y = \cos x$ 是偶函数，$y = x^3$，$y = \sin x$ 是奇函数，而 $y = x^2 + x^3$ 与 $y = \sin x + \cos x$ 都是非奇非偶函数.

奇函数的图像关于原点对称，偶函数的图像关于 $y$ 轴对称.

## 二、单调性

设函数 $y = f(x)$ 在区间 $I$ 上有定义. 若对任意 $x_1, x_2 \in I$，当 $x_1 < x_2$ 时，都有

$$f(x_1) < f(x_2)，\quad (f(x_1) > f(x_2))，$$

则称 $f(x)$ 在 $I$ 上是**严格单调递增(严格单调递减)**的.

例如，函数 $y = \ln x$ 在定义域 $(0, +\infty)$ 内单调递增，函数 $y = -x$ 在定义域 **R** 上单调递减，函数 $y = x^2$ 在 $(-\infty, 0)$ 内是单调递减的，而在 $(0, +\infty)$ 内是单调递增的.

## 三、有界性

设函数 $y = f(x)$ 的定义域为 $D$，数集 $X \subset D$，若存在数 $M_0 > 0$，对任一 $x \in X$，都有 $|f(x)| \leqslant M_0$，则称 $f(x)$ 在 $X$ 上是**有界的**，$M_0$ 称为 $f(x)$ 在 $X$ 上的界；否则称 $f(x)$ 在 $X$ 上是**无界的**.

例如，函数 $y = \sin x$，因为 $|\sin x| \leqslant 1$，所以它在 $(-\infty, +\infty)$ 内是有界的；而 $y = \dfrac{1}{x}$ 在 $(0, 1]$ 上是无界的，而在 $[1, +\infty)$ 上是有界的. 有界函数的界并不是唯一的. 例如，$y = \sin x$，任何一个大于等于 1 的数都是它的界. 显然，有界函数的图形总是位于直线 $y = -M_0$ 与 $y = M_0$ 之间.

## 四、周期性

设函数 $y = f(x)$，$x \in \mathbf{R}$. 若存在 $T > 0$，有

$$f(x + T) = f(x)，$$

则称 $f(x)$ 是**周期函数**，$T$ 为其**周期**. 通常我们所说的周期函数的周期是指最小正周期. 周期函数在其每个周期上具有相同的图形.

例如，$y = \sin x$，$y = \cos x$ 是周期为 $2\pi$ 的周期函数，$y = \tan x$ 是周期为 $\pi$ 的周期函数，$y = \sin \omega x$ 是周期为 $\dfrac{2\pi}{\omega}$ 的周期函数.

# 第五节　反函数、复合函数与初等函数

## 一、反函数

**定义**　设有函数 $y = f(x)$ $(x \in X, y \in Y)$. 如果对于 $Y$ 中的每个 $y = y_0$ 都有 $X$ 中唯一的 $x = x_0$ 与其对应, 且满足 $f(x_0) = y_0$, 那么我们说在 $X$ 上确定了 $y = f(x)$ 的**反函数**, 并且, 将其反函数记作

$$x = f^{-1}(y), \quad y \in Y.$$

符号 "$f^{-1}$" 表示新的函数关系, 是反函数的对应关系. 习惯上我们用 $x$ 表示自变量, 用 $y$ 表示因变量, 因而常把函数 $y = f(x)$ 的反函数写成 $y = f^{-1}(x)$ 的形式.

$y = f(x)$ 与 $y = f^{-1}(x)$ 的图像关于 $y = x$ 对称, 反函数的定义域是原函数的值域, 而反函数的值域就是原函数的定义域.

需要指出的是, 对于给定的函数 $y = f(x)$ $(x \in X, y \in Y)$ 来说, 它在 $X$ 上未必有反函数, 而单调函数一定存在反函数, 并且反函数与其原函数有相同的单调性. 例如, 函数 $y = 2x - 1$ 是单调递增的, 它的反函数 $y = \dfrac{x}{2} + \dfrac{1}{2}$ 也是单调递增的; 而 $y = x^2$ 对任一 $y$ 的值, 没有唯一的 $x$ 值与之对应, 所以它在 $\mathbf{R}$ 上没有反函数, 但在 $(-\infty, 0)$ 与 $(0, +\infty)$ 上, 此函数分别有反函数 $y = -\sqrt{x}$ 与 $y = \sqrt{x}$.

同样, $y = \sin x$ 在 $\mathbf{R}$ 上没有反函数, 但在区间 $\left[ -\dfrac{\pi}{2}, \dfrac{\pi}{2} \right]$ 上, $y = \sin x$ 是单调递增函数, 因此它有反函数.

我们称正弦函数 $y = \sin x$ 在 $\left[ -\dfrac{\pi}{2}, \dfrac{\pi}{2} \right]$ 上的反函数为**反正弦函数**, 记作 $y = \arcsin x$, 其定义域为 $[-1, 1]$, 值域为 $\left[ -\dfrac{\pi}{2}, \dfrac{\pi}{2} \right]$.

同样称余弦函数 $y = \cos x$ 在 $[0, \pi]$ 上的反函数为**反余弦函数**, 记为 $y = \arccos x$, 其定义域为 $[-1, 1]$, 值域为 $[0, \pi]$.

类似地有正切函数 $y=\tan x$ 在 $\left(-\dfrac{\pi}{2},\dfrac{\pi}{2}\right)$ 内的反函数为

$y=\arctan x$,其定义域为 **R**,值域为 $\left(-\dfrac{\pi}{2},\dfrac{\pi}{2}\right)$.

余切函数 $y=\cot x$ 在 $(0,\pi)$ 内的反函数为 $y=\operatorname{arccot} x$,其定义域为 **R**,值域为 $(0,\pi)$.

$y=\arcsin x$,$y=\arccos x$,$y=\arctan x$ 和 $y=\operatorname{arccot} x$ 的图像分别如图 1-3(a)~(d)所示.

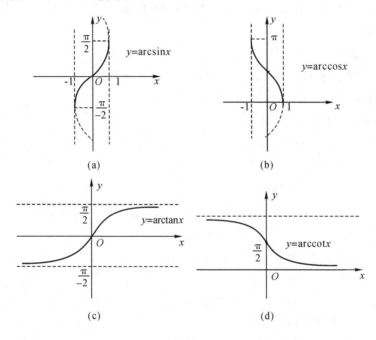

图 1-3

### 二、复合函数

**定义** 设 $y=f(u)(u\in U)$,$u=g(x)(x\in X,u\in U_1)$. 且 $U_1\subset U$,则称 $y=f[g(x)](x\in X)$ 为 $y=f(u)$ 和 $u=g(x)$ 的**复合函数**,称 $u$ 为**中间变量**.

如 $y=\sin u, u=2x^2-3$ 可复合成 $y=\sin(2x^2-3)$；$y=2^u, u=x^2$ 可复合成 $y=2^{x^2}$. 但是，并不是任何两个函数都可以复合成一个复合函数的，例如函数 $y=\arcsin u$ 与函数 $u=2+x^2$ 不能构成复合函数，这是因为 $u=2+x^2$ 的值域不在 $y=\arcsin u$ 的定义域内.

复合函数的概念可推广到有限多个函数复合的情形. 例如，函数 $y=e^{\sqrt{x-1}}$ 可以看成由

$$y=e^u, \quad u=\sqrt{v}, \quad v=x-1$$

三个函数复合而成. 其中 $u, v$ 都是中间变量，$x$ 为自变量，$y$ 为因变量.

**例 1-3**  求函数 $y=\arcsin\sqrt{1-x}$ 的定义域.

**解**  函数由 $y=\arcsin u$ 与 $u=\sqrt{1-x}$ 复合而成，

因此    $-1\leqslant u\leqslant 1$，

而又    $u\geqslant 0$，

所以    $0\leqslant\sqrt{1-x}\leqslant 1$，

解得函数的定义域为

$$\{x\,|\,0\leqslant x\leqslant 1\}.$$

**例 1-4**  求函数 $y=\sqrt{\ln\dfrac{x-3}{2}}$ 的定义域.

**解**  由 $\begin{cases}\ln\dfrac{x-3}{2}\geqslant 0,\\ x-3>0,\end{cases}$

得 $\{x\,|\,x\geqslant 5\}$，此即为函数的定义域.

### 三、初等函数

下列六类函数统称为**基本初等函数**：

(1) 常数函数：$y=C$；

(2) 幂函数：$y=x^\alpha$ （$\alpha\in\mathbf{R}$，是常数）；

(3) 指数函数：$y=a^x$ （$a>0$ 且 $a\neq 1$）；

(4) 对数函数：$y=\log_a x$ （$a>0$ 且 $a\neq 1$），

特别当 $a=e$ 时，记为 $y=\ln x$；

（5）三角函数：

$y=\sin x, y=\cos x, y=\tan x, y=\cot x, y=\sec x, y=\csc x;$

（6）反三角函数：

$y=\arcsin x, y=\arccos x, y=\arctan x, y=\text{arccot}x.$

由基本初等函数经过有限次的加、减、乘、除和复合运算得到的函数，称为**初等函数**. 如 $y=\sqrt{1-x^2}, y=\sin^2 x, y=\ln(x^2+1)$ 等都是初等函数.

由常数函数与幂函数构成的函数

$$P_n(x)=a_0+a_1x+\cdots+a_nx^n$$

称为**多项式函数**.

设 $Q_m(x)=b_0+b_1x+\cdots+b_mx^m$ 为 $x$ 的 $m(m>0,$且 $b_m\neq 0)$ 次多项式函数，称 $R(x)=\dfrac{P_n(x)}{Q_m(x)}$ 为有理函数. 显然多项式函数和有理函数都是初等函数.

# 习　题　一

1. 指出下列各题中的两个函数是否相同，并说明理由：

（1）$f(x)=|x|, g(x)=\sqrt{x^2};$

（2）$f(x)=x\sqrt{x-1}, g(x)=\sqrt{x^2(x-1)};$

（3）$f(x)=\sqrt{1-\sin^2 x}, g(t)=\cos t.$

2. 求下列函数的定义域：

（1）$y=\sqrt{3x+2};$

（2）$y=\dfrac{x-1}{\ln x}+\sqrt{16-x^2};$

（3）$y=\ln(x^2-4);$

（4）$y=\dfrac{1}{\sin x-\cos x};$

(5) $y = \arcsin \dfrac{x-3}{2}$.

3. 设函数 $f(x) = x^2 + x + \dfrac{1}{x} + \dfrac{1}{x^2}$，求 $f(2)$，$f\left(\dfrac{1}{x}\right)$.

4. 设 $f(t) = t^3 + 1$，求 $f(t^2)$，$[f(t)]^2$，$f(x+1)$，$f(x) + 1$.

5. 下列函数是奇、偶函数吗？若是，指出其奇偶性：

(1) $f(x) = 3x^2 + \cos x$;　　　(2) $f(x) = x(x-1)(x+1)$;

(3) $f(x) = \dfrac{1-x^2}{1+x^2}$;　　　　(4) $f(x) = \dfrac{a^x + a^{-x}}{2}$;

(5) $f(x) = x^2 + \sin x$;　　　(6) $f(x) = \lg(x + \sqrt{1+x^2})$;

(7) $f(x) = |x+3|$;　　　　(8) $f(x) = \sin x - \cos x + 1$.

6. 指出下列函数在给定区间上的单调性：

(1) $y = 3^{x-2}$, $(-\infty, 2)$;

(2) $y = x^2 - 3x + 1$, $(-1, 1)$;

(3) $y = \dfrac{x}{1-x}$, $(-\infty, 1)$;

(4) $y = x + \ln x$, $(0, +\infty)$.

7. 判断下列函数是否是周期函数，若是，指出其周期：

(1) $y = \sin \dfrac{x}{3}$;　　　　(2) $y = \sin x + \cos x$;

(3) $y = \sin^2 x$;　　　　(4) $y = x \cos x$.

8. 求下列函数的反函数，并指出反函数的定义域：

(1) $y = 4x - 3$;　　　　(2) $y = \sqrt{\dfrac{x}{3}} + 2$;

(3) $y = 1 + \ln(x+1)$;　　(4) $y = \dfrac{1-x}{1+x}$;

(5) $y = \dfrac{2^x}{2^x + 1}$.

# 第二章  极限与连续

极限是微积分学中最基本的概念,微积分学中许多概念,如连续、导数、定积分等,都是建立在极限基础之上的.微积分研究的主要对象是连续函数.本章讨论函数的极限和连续.

## 第一节  极限的概念

### 一、数列的极限

按照一定顺序排列的可列个数:

$$x_1, x_2, \cdots, x_n, \cdots$$

称为**数列**,记为$\{x_n\}$,其中 $x_n$ 称为数列的**一般项**或**通项**,$n$ 称为 $x_n$ 的序号.例如:

① $2, \dfrac{3}{2}, \dfrac{4}{3}, \cdots, \dfrac{n+1}{n}, \cdots$;

② $1, -\dfrac{1}{2}, \dfrac{1}{3}, -\dfrac{1}{4}, \cdots, (-1)^{n+1}\dfrac{1}{n}, \cdots$;

③ $1, 2, 3, \cdots, n, \cdots$;

④ $0, 1, 0, 2, \cdots, 0, n, \cdots$

都是数列.

我们研究当 $n$ 无限增大(用符号"$n \to \infty$"表示,读作"$n$ 趋于无穷")时,数列的项 $x_n$ 的变化趋势.

当 $n$ 无限增大时,数列①的项 $\dfrac{n+1}{n}$ 与常数 1 无限接近,数列②的项 $(-1)^{n+1}\dfrac{1}{n}$ 与 0 无限接近;而数列③和④的项 $n$ 却不具有与某个常数无限接近的性质.

对于数列 $\{x_n\}$，若存在唯一的常数 $A$，当 $n$ 无限增大时，其一般项 $x_n$ 与 $A$ 无限接近，则称数列 $\{x_n\}$ 的极限为 $A$，记作

$$\lim_{n \to \infty} x_n = A \quad \text{或} \quad x_n \to A \; (n \to \infty),$$

（这里 lim 是英语 limit 的缩写）此时，也称数列 $\{x_n\}$ 是**收敛的**；否则称 $\{x_n\}$ 是**发散的**.

上述四个例子中，①，②是收敛数列，且

$$\lim_{n \to \infty} \frac{n+1}{n} = 1, \quad \lim_{n \to \infty} (-1)^{n+1} \frac{1}{n} = 0;$$

而数列③，④的极限不存在，因此它们是发散数列.

易知，当 $|q| < 1$ 时，$\lim_{n \to \infty} q^n = 0$；当 $\alpha > 0$ 时，$\lim_{n \to \infty} \frac{1}{n^\alpha} = 0$.

如 $\lim_{n \to \infty} \left( \frac{1}{2} \right)^n = 0, \quad \lim_{n \to \infty} \frac{1}{\sqrt{n}} = 0.$

**二、函数的极限**

数列 $\{x_n\}$ 可以看作是定义在正整数集上的函数，它的极限只是一种特殊函数的极限，下面我们来讨论自变量连续取值的函数 $y = f(x)$ 的极限.

**1. 自变量趋于无穷时函数的极限**

当自变量 $x$ 沿 $x$ 轴正方向变化时，$x$ 无限增大（记作"$x \to +\infty$"，读作"$x$ 趋向于正无穷"），$f(x) = \dfrac{x+1}{x}$ 的函数值与常数 1 无限接近，我们称常数 1 为函数 $f(x) = \dfrac{x+1}{x}$ 当 $x \to +\infty$ 时的极限，图 2-1 显示了 $f(x) = \dfrac{x+1}{x}$ 当 $x \to +\infty$ 时函数值的变化趋势.

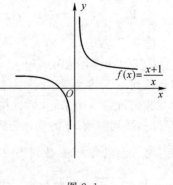

图 2-1

一般地,对于给定函数 $f(x)$,如果存在唯一的常数 $A$,当 $x$ 无限增大时,函数值和 $A$ 无限接近,那么就称**当 $x$ 趋向于正无穷时函数 $f(x)$ 的极限为 $A$**,记作

$$\lim_{x \to +\infty} f(x) = A \quad \text{或} \quad f(x) \to A \ (x \to +\infty).$$

例如,$\lim\limits_{x \to +\infty} \dfrac{x+1}{x} = 1$.

当自变量 $x$ 沿 $x$ 轴负方向变化时,$x < 0$,且 $|x|$ 无限增大(记作"$x \to -\infty$",读作"$x$ 趋向于负无穷"),函数 $f(x)$ 的变化趋势也可以作类似的讨论:对于给定函数 $f(x)$,如果存在唯一的常数 $A$,当 $x < 0$ 且 $|x|$ 无限增大时,函数值和 $A$ 无限接近,那么就称**当 $x$ 趋向于负无穷时函数 $f(x)$ 的极限为 $A$**,记作

$$\lim_{x \to -\infty} f(x) = A \quad \text{或} \quad f(x) \to A \ (x \to -\infty).$$

例如,$\lim\limits_{x \to -\infty} e^x = 0$.图 2-2 显示了 $y = e^x$ 当 $x \to -\infty$ 时函数值的变化趋势.

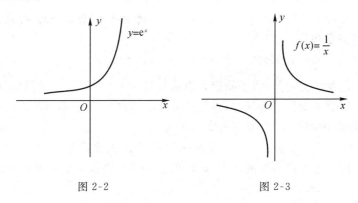

图 2-2　　　　　　　　　　　图 2-3

如果当 $x$ 的绝对值 $|x|$ 无限增大时(记作"$x \to \infty$",读作"$x$ 趋向于无穷"),$f(x)$ 的函数值和某常数 $A$ 无限接近,那么就称**当 $x$ 趋向于无穷时函数 $f(x)$ 的极限为 $A$**,记作

$$\lim_{x \to \infty} f(x) = A \quad \text{或} \quad f(x) \to A \ (x \to \infty).$$

例如, $\lim\limits_{x\to\infty}\dfrac{1}{x}=0$. 图 2-3 显示 $y=\dfrac{1}{x}$ 当 $x\to\infty$ 时函数值的变化趋势.

若当 $x\to\infty$ 时, $f(x)$ 不趋向于某固定常数, 则称当 **$x\to\infty$ 时函数 $f(x)$ 极限不存在**. 当 $x\to+\infty$ 及 $x\to-\infty$ 时也有类似的概念.

例如, 当 $x\to\infty$ 时, $\sin x$ 的极限不存在, 即 $\lim\limits_{x\to\infty}\sin x$ 不存在.

由 $x$ 趋向于无穷时函数 $f(x)$ 的极限概念可知,
$$\lim\limits_{x\to\infty}f(x)=A \iff \lim\limits_{x\to+\infty}f(x)=A \text{ 且 } \lim\limits_{x\to-\infty}f(x)=A.$$

例如, 由 $y=\arctan x$ 的图形(见图 1-3(c))可知:
$$\lim\limits_{x\to+\infty}\arctan x=\frac{\pi}{2}, \quad \lim\limits_{x\to-\infty}\arctan x=-\frac{\pi}{2},$$
因此 $\lim\limits_{x\to\infty}\arctan x$ 不存在.

**2. 自变量趋于有限值时函数的极限**

设函数 $f(x)$ 在 $x_0$ 的某个空心邻域内有定义, 如果存在唯一的常数 $A$, 当自变量 $x$ 与 $x_0$ 无限接近(记作"$x\to x_0$", 读作"$x$ 趋向于 $x_0$")时, $f(x)$ 的函数值无限接近于 $A$, 那么就称当 **$x\to x_0$ 时函数 $f(x)$ 的极限是 $A$**, 记作
$$\lim\limits_{x\to x_0}f(x)=A \quad \text{或} \quad f(x)\to A \ (x\to x_0).$$

需要注意的是, 由于我们讨论的是当 $x\to x_0$($x$ 与 $x_0$ 无限接近)时函数值的变化趋势问题, 因此只需考虑函数在 $x_0$ 点附近的取值情况, 而与函数在 $x_0$ 处是否有定义无关.

**例 2-1**　考察 $x\to a$ 时, 常数函数 $y=c$ 的变化趋势.

**解**　由常数函数的定义可知, 当 $x\to a$ 时, 函数值始终为 $c$, 因此
$$\lim\limits_{x\to a}c=c.$$

**例 2-2**　考察当 $x\to x_0$ 时, 函数 $y=x$ 的变化趋势.

**解**　当 $x\to x_0$ 时, 函数值与 $x_0$ 无限接近, 即
$$\lim\limits_{x\to x_0}x=x_0.$$

**例 2-3**　求当 $x\to 1$ 时, 函数 $f(x)=\dfrac{x^2-1}{x-1}$ 的极限.

**解**　$f(x)=\dfrac{x^2-1}{x-1}=\dfrac{(x+1)(x-1)}{x-1}=x+1(x\neq1),$

当 $x\to1$ 时,函数值与 2 无限接近,因此

$$\lim_{x\to1}\frac{x^2-1}{x-1}=\lim_{x\to1}\frac{(x+1)(x-1)}{x-1}=\lim_{x\to1}(x+1)=2.$$

例 2-3 说明函数在某点处的极限存在与否和函数在此点有无定义无关.

上述函数 $f(x)$ 的极限概念中,$x\to x_0$ 是指 $x$ 既从 $x_0$ 左侧 $(x<x_0)$,也从 $x_0$ 右侧 $(x>x_0)$ 趋向于 $x_0$ 的,也就是所谓的"**双侧极限**".但有时只能或只需考虑 $x$ 从 $x_0$ 的左侧趋向于 $x_0$(记作 "$x\to x_0^-$"),或仅从 $x_0$ 的右侧趋向于 $x_0$(记作"$x\to x_0^+$")时的情形.

例如,函数 $y=\sqrt{x}$,由于函数的定义域为 $[0,+\infty)$,此时只能考虑 $x$ 从 0 的右侧趋向于 0 时函数的变化趋势.

对于符号函数 $y=\operatorname{sgn}x$,当 $x\to0^-$ 时,函数值趋向于 $-1$,当 $x\to0^+$ 时,函数值趋向于 1.

一般地,设函数 $f(x)$ 在 $x_0$ 的某个右半空心邻域内有定义,如果当 $x$ 从 $x_0$ 的右侧无限地趋向于 $x_0$ 时,函数值和某个常数 $A$ 无限接近,那么就称**当 $x$ 趋向于 $x_0$ 时函数 $f(x)$ 的右极限为 $A$**,记作

$$\lim_{x\to x_0^+}f(x)=A\quad\text{或}\quad f(x)\to A\ (x\to x_0^+),$$

也可简记为

$$f(x_0+0)=A.$$

类似地,可以定义**当 $x$ 趋向于 $x_0$ 时函数 $f(x)$ 的左极限为 $A$** 的概念,记作

$$\lim_{x\to x_0^-}f(x)=A\quad\text{或}\quad f(x)\to A\ (x\to x_0^-),$$

简记为

$$f(x_0-0)=A.$$

例如

$$\lim_{x\to0^+}\sqrt{x}=0,\ \lim_{x\to0^-}\operatorname{sgn}x=-1,\ \lim_{x\to0^+}\operatorname{sgn}x=1.$$

左极限和右极限统称为**单侧极限**.

根据双侧极限与单侧极限的概念可知：

$$\lim_{x \to x_0} f(x) = A \iff \lim_{x \to x_0^+} f(x) = A \text{ 且 } \lim_{x \to x_0^-} f(x) = A.$$

因此，函数在某点处的左、右极限只要有一个不存在，那么函数在该点的极限就不存在；当函数在某点处的左、右极限存在但不相等时，函数在该点的极限也是不存在的. 例如 $\lim\limits_{x \to 0} \sqrt{x}$ 和 $\lim\limits_{x \to 0} \mathrm{sgn}\, x$ 都是不存在的.

**例 2-4**　讨论函数

$$f(x) = \begin{cases} x-1, & x<0, \\ 0, & x=0, \\ x+1, & x>0 \end{cases}$$

当 $x \to 0$ 时的极限.

**解**　$\lim\limits_{x \to 0^-} f(x) = \lim\limits_{x \to 0^-} (x-1) = -1,$

　　　$\lim\limits_{x \to 0^+} f(x) = \lim\limits_{x \to 0^+} (x+1) = 1,$

左、右极限存在但不相等，所以当 $x \to 0$ 时函数的极限不存在.

**3. 无穷小量与无穷大量**

如果 $\lim\limits_{x \to x_0} f(x) = 0$，那么称当 $x \to x_0$ 时 $f(x)$ 为**无穷小量**（简称无穷小）.

将上述无穷小量概念中的自变量 $x \to x_0$ 换成 $x \to +\infty, x \to x_0^+$ 等变化情形，可得到自变量在不同变化过程中的无穷小量概念.

因为 $\lim\limits_{x \to 0} x^2 = 0$，所以函数 $x^2$ 为当 $x \to 0$ 时的无穷小量；

因为 $\lim\limits_{x \to \infty} \dfrac{1}{x^2} = 0$，所以函数 $\dfrac{1}{x^2}$ 为当 $x \to \infty$ 时的无穷小量；

因为 $\lim\limits_{x \to -\infty} \mathrm{e}^x = 0$，因此函数 $\mathrm{e}^x$ 为当 $x \to -\infty$ 时的无穷小量；

因为 $\lim\limits_{n \to \infty} \dfrac{1}{2^n} = 0$，因此数列 $\left\{ \dfrac{1}{2^n} \right\}$ 为当 $n \to \infty$ 时的无穷小量.

需要注意的是,无穷小量不是一个很小的数,而是某个变化过程中一个趋向于零的变量.特别地,零可以看成任何一个变化过程中的无穷小量.

无穷小量具有以下**性质**:

(1) 有限个无穷小量的和是无穷小量;

(2) 有限个无穷小量的乘积是无穷小量;

(3) 常数与无穷小量的乘积是无穷小量;

(4) 无穷小量与有界变量的乘积是无穷小量.

**例 2-5** 求极限:

(1) $\lim\limits_{x \to +\infty} \dfrac{e^{-x}}{x^2}$; (2) $\lim\limits_{x \to \infty} \dfrac{\sin x}{x}$.

**解** (1) 由于当 $x \to +\infty$ 时,$e^{-x}$ 和 $\dfrac{1}{x^2}$ 都是无穷小量,所以它们的乘积 $\dfrac{e^{-x}}{x^2}$ 仍是无穷小量,即

$$\lim\limits_{x \to +\infty} \dfrac{e^{-x}}{x^2} = 0.$$

(2) 由于当 $x \to \infty$ 时,$\dfrac{1}{x}$ 是无穷小量,而 $\sin x$ 是一个有界变量,因此它们的乘积 $\dfrac{\sin x}{x}$ 仍是无穷小量,即

$$\lim\limits_{x \to \infty} \dfrac{\sin x}{x} = 0.$$

如果当 $x \to x_0$ 时,$f(x)$ 函数值的绝对值无限增大,那么称 $f(x)$ 是当 $x \to x_0$ 时的**无穷大量**(简称无穷大),记作

$$\lim\limits_{x \to x_0} f(x) = \infty.$$

例如,当 $x \to 1$ 时,$\dfrac{1}{x-1}$ 的绝对值 $\left| \dfrac{1}{x-1} \right|$ 不趋向于某个常数,而是任意地增大.所以函数 $f(x) = \dfrac{1}{x-1}$ 是当 $x \to 1$ 时的无穷大量,即

$$\lim_{x\to 1}\frac{1}{x-1}=\infty.$$

将上述无穷大量概念中的自变量 $x\to x_0$ 换成 $x\to +\infty$ 等变化情形，可得到自变量在不同变化过程中的无穷大量概念.

类似地可以得到：

$$\lim_{x\to x_0}f(x)=+\infty;\ \lim_{x\to x_0}f(x)=-\infty;\ \lim_{x\to +\infty}f(x)=+\infty$$

等概念.

例如，

$$\lim_{x\to\infty}x^3=\infty;\qquad \lim_{x\to +\infty}e^x=+\infty;$$

$$\lim_{n\to\infty}\ln n=+\infty;\qquad \lim_{x\to -\infty}x^3=-\infty$$

等式子.

要注意的是，无穷大量不是一个确定的数，而是一种变化趋势. 另外，$\lim\limits_{x\to x_0}f(x)=\infty$ 表示当 $x\to x_0$ 时 $f(x)$ 是无穷大量，并不表示 $f(x)$ 极限存在.

无穷大量与无穷小量之间有如下关系.

**定理**　在自变量的同一变化过程中，如果 $f(x)$ 为无穷大量，则 $\dfrac{1}{f(x)}$ 为无穷小量；反之，如果 $f(x)$ 为非零的无穷小量，则 $\dfrac{1}{f(x)}$ 为无穷大量.

例如，当 $x\to 0$ 时，$x^2$ 为无穷小量，则当 $x\to 0$ 时，$\dfrac{1}{x^2}$ 为无穷大量；

当 $x\to +\infty$ 时，$e^x$ 为无穷大量，则当 $x\to +\infty$ 时，$e^{-x}$ 为无穷小量.

# 第二节　极限的四则运算

本节我们将介绍极限的四则运算法则，并举例说明如何利用法则来计算极限.

为简单起见，我们用记号"lim"表示自变量在某一变化过程中的极限,这一变化过程可以是 $x \to x_0$, $x \to +\infty$, $x \to -\infty$ 等,只要函数在同一个变化过程中即可.

**定理**　若极限 $\lim f(x)$ 与 $\lim g(x)$ 都存在,且 $\lim f(x) = A$, $\lim g(x) = B$,则

(1) $\lim[f(x) \pm g(x)] = \lim f(x) \pm \lim g(x) = A \pm B$;

(2) $\lim[f(x) \cdot g(x)] = \lim f(x) \cdot \lim g(x) = A \cdot B$;

特别地,$\lim Cf(x) = C\lim f(x) = CA$;(其中 $C$ 为常数)

(3) 若 $B \neq 0$,则 $\lim \dfrac{f(x)}{g(x)} = \dfrac{\lim f(x)}{\lim g(x)} = \dfrac{A}{B}$.

定理中(1),(2)的结论可以推广到有限多个函数相加减和相乘的情形.

**例 2-6**　求极限 $\lim\limits_{x \to 1}(2x^2 + x - 1)$.

**解**　$\lim\limits_{x \to 1}(2x^2 + x - 1) = \lim\limits_{x \to 1}2x^2 + \lim\limits_{x \to 1}x - \lim\limits_{x \to 1}1$
$$= 2\lim\limits_{x \to 1}x^2 + 1 - 1$$
$$= 2.$$

对于 $k$ 次多项式
$$P(x) = a_k x^k + a_{k-1}x^{k-1} + \cdots + a_1 x + a_0,$$
有
$$\lim\limits_{x \to a}P(x) = a_k \lim\limits_{x \to a}x^k + a_{k-1} \lim\limits_{x \to a}x^{k-1} + \cdots + a_1 \lim\limits_{x \to a}x + \lim\limits_{x \to a}a_0$$
$$= P(a).$$
即 $k$ 次多项式在某点处的极限值等于其在该点的函数值.

**例 2-7**　求极限 $\lim\limits_{x \to 2}\dfrac{x^3 - 1}{x^2 - 5x + 3}$.

**解**　$\lim\limits_{x \to 2}\dfrac{x^3 - 1}{x^2 - 5x + 3} = \dfrac{\lim\limits_{x \to 2}(x^3 - 1)}{\lim\limits_{x \to 2}(x^2 - 5x + 3)} = -\dfrac{7}{3}$.

从上述例子可以看出,对于有理函数 $R(x) = \dfrac{P(x)}{Q(x)}$ (其中 $P(x)$, $Q(x)$ 为多项式),当求 $x \to x_0$ 时的极限时,如果 $Q(x_0) \neq 0$,那么只要把 $x_0$ 代替函数中的 $x$ 即可,

$$\lim_{x \to x_0} R(x) = \frac{\lim\limits_{x \to x_0} P(x)}{\lim\limits_{x \to x_0} Q(x)} = \frac{P(x_0)}{Q(x_0)} = R(x_0).$$

若 $Q(x_0)=0$,但 $P(x_0) \neq 0$,则由 $\lim\limits_{x \to x_0} \dfrac{Q(x)}{P(x)}=0$,可知 $\lim\limits_{x \to x_0} \dfrac{P(x)}{Q(x)}=\infty$;

若 $Q(x_0)=0$,同时 $P(x_0)=0$,则需要将函数变形之后再用以上的运算法则.

**例 2-8**　求极限　$\lim\limits_{x \to 3} \dfrac{x-3}{x^2-9}$.

**解**　分子分母都是无穷小量,将函数变形得

$$\lim_{x \to 3} \frac{x-3}{x^2-9} = \lim_{x \to 3} \frac{x-3}{(x-3)(x+3)} = \lim_{x \to 3} \frac{1}{x+3} = \frac{1}{6}.$$

**例 2-9**　求极限　$\lim\limits_{x \to 1} \dfrac{2x-3}{x^2-5x+4}$.

**解**　因为分母的极限 $\lim\limits_{x \to 1}(x^2-5x+4)=0$,不能运用商的极限运算法则,但因为

$$\lim_{x \to 1} \frac{x^2-5x+4}{2x-3} = 0,$$

由无穷小与无穷大的关系得

$$\lim_{x \to 1} \frac{2x-3}{x^2-5x+4} = \infty.$$

**例 2-10**　求极限　$\lim\limits_{x \to \infty} \dfrac{8x^2+6x+3}{2x^2-4x+7}$.

**解**　分子分母都是无穷大量,先将函数变形,得

$$\lim_{x \to \infty} \frac{8x^2+6x+3}{2x^2-4x+7} = \lim_{x \to \infty} \frac{8+\dfrac{6}{x}+\dfrac{3}{x^2}}{2-\dfrac{4}{x}+\dfrac{7}{x^2}} = \frac{8+0+0}{2-0+0} = 4.$$

**例 2-11**　求极限　$\lim\limits_{x \to \infty} \dfrac{2x^2+x-1}{3x^3+2x+1}$.

**解**　将函数变形得

$$\lim_{x\to\infty}\frac{2x^2+x-1}{3x^3+2x+1}=\lim_{x\to\infty}\frac{\dfrac{2}{x}+\dfrac{1}{x^2}-\dfrac{1}{x^3}}{3+\dfrac{2}{x^2}+\dfrac{1}{x^3}}=0.$$

**例 2-12** 求极限 $\lim\limits_{x\to\infty}\dfrac{x^3+x-1}{2x^2+x+1}$.

**解** 由于

$$\lim_{x\to\infty}\frac{2x^2+x+1}{x^3+x-1}=\lim_{x\to\infty}\frac{\dfrac{2}{x}+\dfrac{1}{x^2}+\dfrac{1}{x^3}}{1+\dfrac{1}{x^2}-\dfrac{1}{x^3}}=0,$$

因此

$$\lim_{x\to\infty}\frac{x^3+x-1}{2x^2+x+1}=\infty.$$

一般地当 $a_m\neq0$,且 $b_n\neq0$ 时,有

$$\lim_{x\to\infty}\frac{a_mx^m+a_{m-1}x^{m-1}+\cdots+a_0}{b_nx^n+b_{n-1}x^{n-1}+\cdots+b_0}=\begin{cases}0, & \text{当 }n>m,\\[2mm]\dfrac{a_m}{b_n}, & \text{当 }n=m,\\[2mm]\infty, & \text{当 }n<m.\end{cases}$$

在某个变化过程中,当两个函数都是无穷大量时,它们的差的极限就无法直接用运算法则得到,此时可以通过通分或者分子有理化等方法化为商函数,再用运算法则求得极限值.

**例 2-13** 求极限 $\lim\limits_{x\to+\infty}(\sqrt{x+1}-\sqrt{x})$.

**解** $\lim\limits_{x\to+\infty}(\sqrt{x+1}-\sqrt{x})=\lim\limits_{x\to+\infty}\dfrac{(\sqrt{x+1}-\sqrt{x})(\sqrt{x+1}+\sqrt{x})}{\sqrt{x+1}+\sqrt{x}}$

$$=\lim_{x\to+\infty}\frac{1}{\sqrt{x+1}+\sqrt{x}}=0.$$

**例 2-14** 求极限 $\lim\limits_{x\to1}(\dfrac{1}{1-x}-\dfrac{3}{1-x^3})$.

**解** $\lim\limits_{x\to1}(\dfrac{1}{1-x}-\dfrac{3}{1-x^3})=\lim\limits_{x\to1}\dfrac{x^2+x-2}{(1-x)(1+x+x^2)}$

$$=\lim_{x\to 1}\frac{(x-1)(x+2)}{(1-x)(1+x+x^2)}$$

$$=-\lim_{x\to 1}\frac{x+2}{1+x+x^2}=-1.$$

# 第三节　两个重要极限

## 一、$\lim\limits_{x\to 0}\dfrac{\sin x}{x}=1$

| $x$ | 1 | 0.5 | 0.1 | 0.05 | 0.01 | 0.005 | … |
|---|---|---|---|---|---|---|---|
| $\sin x$ | 0.8415 | 0.4794 | 0.0998 | 0.04998 | 0.0099998 | 0.0049999 | … |

由上表可以看出,当 $x$ 不断接近于 $0$ 时,$\sin x$ 与 $x$ 的值越来越接近,也就是说,它们的比值与 $1$ 越来越接近,可以证明,当 $x\to 0$ 时,$\dfrac{\sin x}{x}\to 1$,即

$$\lim_{x\to 0}\frac{\sin x}{x}=1.$$

利用此极限公式,可以计算一些函数的极限.

**例 2-15**　求极限　$\lim\limits_{x\to 0}\dfrac{\tan x}{x}$.

**解**　$\lim\limits_{x\to 0}\dfrac{\tan x}{x}=\lim\limits_{x\to 0}\left(\dfrac{\sin x}{x}\cdot\dfrac{1}{\cos x}\right)=\lim\limits_{x\to 0}\dfrac{\sin x}{x}\cdot\lim\limits_{x\to 0}\dfrac{1}{\cos x}=1.$

**例 2-16**　求极限　$\lim\limits_{x\to 0}\dfrac{1-\cos x}{x^2}$.

**解**　$\lim\limits_{x\to 0}\dfrac{(1-\cos x)(1+\cos x)}{x^2(1+\cos x)}=\lim\limits_{x\to 0}\dfrac{\sin^2 x}{x^2(1+\cos x)}$

$$=\lim_{x\to 0}\left(\frac{\sin x}{x}\right)^2\cdot\frac{1}{1+\cos x}=\frac{1}{2}.$$

**例 2-17**　求极限　$\lim\limits_{x\to 0}\dfrac{\tan kx}{x}$（$k$ 为非零常数）.

**解**　令 $t=kx$,则当 $x\to 0$ 时,$t\to 0$. 于是有

$$\lim_{x \to 0} \frac{\tan kx}{x} = \lim_{x \to 0} k \cdot \frac{\tan kx}{kx} = \lim_{t \to 0} k \cdot \frac{\tan t}{t} = k.$$

一般地,当 $\varphi(x) \to 0$ 时,只要令 $\varphi(x) = t$,那么

$$\lim_{\varphi(x) \to 0} \frac{\sin \varphi(x)}{\varphi(x)} = \lim_{t \to 0} \frac{\sin t}{t} = 1,$$

据此可以计算下列各例中的极限.

**例 2-18**　求极限　$\lim\limits_{x \to 0} \dfrac{\sin 5x}{\tan 2x}$.

**解**　$\lim\limits_{x \to 0} \dfrac{\sin 5x}{\tan 2x} = \lim\limits_{x \to 0} \dfrac{5}{2} \cdot \dfrac{\sin 5x}{5x} \cdot \dfrac{2x}{\tan 2x}$

$$= \frac{5}{2} \lim_{x \to 0} \frac{\sin 5x}{5x} \cdot \lim_{x \to 0} \frac{2x}{\tan 2x} = \frac{5}{2}.$$

**例 2-19**　求极限　$\lim\limits_{x \to \infty} x \sin \dfrac{1}{x}$.

**解**　$\lim\limits_{x \to \infty} x \sin \dfrac{1}{x} = \lim\limits_{x \to \infty} \dfrac{\sin \dfrac{1}{x}}{\dfrac{1}{x}} = 1.$

**例 2-20**　求极限　$\lim\limits_{x \to 0} \dfrac{\sin x^2}{2x^2 + x^3}$.

**解**　$\lim\limits_{x \to 0} \dfrac{\sin x^2}{2x^2 + x^3} = \lim\limits_{x \to 0} \dfrac{\sin x^2}{x^2(2 + x)}$

$$= \lim_{x \to 0} \frac{\sin x^2}{x^2} \cdot \frac{1}{2 + x} = \frac{1}{2}.$$

## 二、$\lim\limits_{n \to \infty} \left(1 + \dfrac{1}{n}\right)^n = e$

记 $x_n = \left(1 + \dfrac{1}{n}\right)^n$,当 $n$ 不断增大时,考察数列 $\{x_n\}$ 的项 $x_n$ 的变化趋势.为直观起见,将 $n$ 与 $x_n$ 的部分取值列成下表:(其中 $x_n$ 的值保留小数点后三位有效数字)

| $n$ | 1 | 3 | 5 | 10 | 100 | 1000 | 10000 | ... |
|---|---|---|---|---|---|---|---|---|
| $x_n$ | 2 | 2.370 | 2.488 | 2.594 | 2.705 | 2.717 | 2.718 | ... |

由上表可以看出：当 $n$ 无限增大时，$x_n = \left(1 + \dfrac{1}{n}\right)^n$ 与某一个常数无限接近，我们记这个常数为 e，可以证明：e 是一个无理数，其近似值为

$$e \approx 2.718281828459045.$$

即有

$$\lim_{n \to \infty} \left(1 + \frac{1}{n}\right)^n = e.$$

可以证明：

$$\lim_{x \to \infty} \left(1 + \frac{1}{x}\right)^x = e,$$

$$\lim_{x \to 0} (1 + x)^{\frac{1}{x}} = e.$$

一般地，当 $\alpha(x) \to 0$（$\alpha(x) \neq 0$）时，有 $[1 + \alpha(x)]^{\frac{1}{\alpha(x)}} \to e$，即

$$\lim_{\alpha(x) \to 0} [1 + \alpha(x)]^{\frac{1}{\alpha(x)}} = e.$$

**例 2-21**　求极限　$\lim\limits_{x \to 0} (1 + 4x)^{\frac{1}{x}}$.

**解**　$\lim\limits_{x \to 0} (1 + 4x)^{\frac{1}{x}} = \lim\limits_{x \to 0} \left[ (1 + 4x)^{\frac{1}{4x}} \right]^4 = e^4$.

**例 2-22**　求极限　$\lim\limits_{x \to \infty} \left( \dfrac{1 + x}{x} \right)^{2x}$.

**解**　$\lim\limits_{x \to \infty} \left( \dfrac{1 + x}{x} \right)^{2x} = \lim\limits_{x \to \infty} \left[ \left(1 + \dfrac{1}{x}\right)^x \right]^2 = e^2$.

**例 2-23**　求极限　$\lim\limits_{x \to 0} (1 - x)^{\frac{1}{x}}$.

**解**　$\lim\limits_{x \to 0} (1 - x)^{\frac{1}{x}} = \lim\limits_{x \to 0} \left[ (1 - x)^{-\frac{1}{x}} \right]^{-1} = e^{-1}$.

**例 2-24**　求极限　$\lim\limits_{x \to \infty} \left( \dfrac{x + 1}{x - 2} \right)^x$.

**解** $\lim\limits_{x\to\infty}\left(\dfrac{x+1}{x-2}\right)^x=\lim\limits_{x\to\infty}\dfrac{\left(1+\dfrac{1}{x}\right)^x}{\left(1-\dfrac{2}{x}\right)^x}$

$$=\dfrac{\lim\limits_{x\to\infty}\left(1+\dfrac{1}{x}\right)^x}{\lim\limits_{x\to\infty}\left[\left(1-\dfrac{2}{x}\right)^{-\frac{x}{2}}\right]^{-2}}=\dfrac{\mathrm{e}}{\mathrm{e}^{-2}}=\mathrm{e}^3.$$

# 第四节 函数的连续性

## 一、连续与间断

观察函数

$$f(x)=\frac{1}{x}\ \text{和}\ g(x)=\mathrm{sgn}x$$

的图像(见图 2-3 与图 1-2)发现,它们都在 $x=0$ 处是断开的,而函数 $y=x^2$ 的图形是一条连续的曲线.

上述 $f(x)$ 在 $x=0$ 处无定义,$g(x)$ 在 $x=0$ 处有定义,但 $\lim\limits_{x\to 0}g(x)$ 不存在;而 $y=x^2$ 在 $(-\infty,+\infty)$ 内的任意一点 $x_0$ 处,都有 $\lim\limits_{x\to x_0}x^2=x_0^2$,即 $x_0$ 处的极限值与函数值相等.

**定义** 若函数 $f(x)$ 在点 $x_0$ 的某领域内有定义,并满足:

$$\lim\limits_{x\to x_0}f(x)=f(x_0),$$

则称 $f(x)$ 在点 $x_0$ 处**连续**,$x_0$ 为 $f(x)$ 的**连续点**;否则就称 $f(x)$ 在点 $x_0$ 处**间断**,$x_0$ 为 $f(x)$ 的**间断点**.

若函数 $f(x)$ 在开区间 $(a,b)$ 内的每一点处都连续,则称 **$f(x)$ 在开区间 $(a,b)$ 内是连续的**;若函数 $f(x)$ 在开区间 $(a,b)$ 内连续,并且在区间左端点 $a$ 处右连续(所谓右连续,是指函数在 $a$ 处的右极限等于它的函数值,即 $f(a+0)=f(a)$),在区间右端点 $b$ 处左连续(即 $f(b-0)=f(b)$),则称 **$f(x)$ 在闭区间 $[a,b]$ 上是连续的**.

可以证明,基本初等函数在定义域内是连续函数.

**例 2-25** 判断函数 $f(x) = \begin{cases} x+1, & x>1, \\ 3x^2-1, & x \leqslant 1 \end{cases}$ 在分界点 $x=1$

处是否连续?

**解** $\lim\limits_{x \to 1^+} f(x) = \lim\limits_{x \to 1^+} (x+1) = 2,$

$\qquad \lim\limits_{x \to 1^-} f(x) = \lim\limits_{x \to 1^-} (3x^2-1) = 2,$

而 $\qquad f(1) = 2,$

$\qquad \lim\limits_{x \to 1^+} f(x) = \lim\limits_{x \to 1^-} f(x) = 2 = f(1),$

因此 $f(x)$ 在分界点 $x=1$ 处连续.

**例 2-26** 设 $f(x) = \begin{cases} (1-x)^{\frac{1}{x}}, & x \neq 0, \\ a, & x=0 \end{cases}$ 在 $x=0$ 处连续,

求常数 $a$ 的值.

**解** 因为 $f(0) = a$, $\lim\limits_{x \to 0} f(x) = \lim\limits_{x \to 0} (1-x)^{\frac{1}{x}} = \dfrac{1}{e}$,

所以当 $a = \dfrac{1}{e}$ 时, $f(x)$ 在 $x=0$ 处连续.

**例 2-27** 求函数 $f(x) = \dfrac{x}{\ln(1+2x)}$ 的连续区间.

**解** $f(x)$ 是初等函数,所以自然定义域就是其连续区间,

由 $\begin{cases} 1+2x>0, \\ \ln(1+2x) \neq 0 \end{cases}$ 得 $x > -\dfrac{1}{2}$ 且 $x \neq 0$,

即连续区间为 $\left(-\dfrac{1}{2}, 0\right) \bigcup (0, +\infty)$.

**二、连续函数的运算法则**

**定理 1** 若函数 $f(x)$ 与 $g(x)$ 在同一点 $x_0$ 处连续,则

$$f(x) \pm g(x), \ f(x) \cdot g(x), \ \frac{f(x)}{g(x)} \ (g(x_0) \neq 0)$$

在点 $x_0$ 处也是连续的.

定理 1 可以推广到有限多个函数的和、差、积、商的情形.

**定理 2**　设有两个函数 $y = f(u)$ 和 $u = \varphi(x)$. 若函数 $u = \varphi(x)$ 在点 $x_0$ 处连续,函数 $y = f(u)$ 在点 $u_0 = \varphi(x_0)$ 处连续,则复合函数 $y = f[\varphi(x)]$ 在 $x_0$ 处也连续,即

$$\lim_{x \to x_0} f[\varphi(x)] = f[\varphi(x_0)].$$

**定理 3**　单调连续函数的反函数也是单调连续的.

例如,$y = \sin x$ 在 $\left[ -\dfrac{\pi}{2}, \dfrac{\pi}{2} \right]$ 上是单调增加且连续的,它的反函数 $y = \arcsin x$ 在 $[-1, 1]$ 上也是单调增加且连续的.

易知基本初等函数在其定义区间内都是连续的,由上述几个定理可知,通过四则运算或复合运算而成的**初等函数在定义区间内也是连续的**.

**例 2-28**　求极限　$\lim\limits_{x \to 3} \ln(1 + x^3)$.

**解**　由于 $\ln(1 + x^3)$ 是初等函数,在其定义区间 $(-1, +\infty)$ 内是连续的,故在 $x = 3$ 处也连续,因此有

$$\lim_{x \to 3} \ln(1 + x^3) = \ln(1 + 3^3) = \ln 28.$$

**例 2-29**　求极限　$\lim\limits_{x \to 1} \sqrt{e^x - 1}$.

**解**　由于初等函数 $\sqrt{e^x - 1}$ 的连续区间为 $[0, +\infty)$,因此它在 $x = 1$ 处连续,有

$$\lim_{x \to 1} \sqrt{e^x - 1} = \sqrt{e - 1}.$$

**例 2-30**　求极限　$\lim\limits_{x \to 0} \dfrac{\ln(1 + x)}{x}$.

**解**　$\dfrac{\ln(1 + x)}{x} = \ln(1 + x)^{\frac{1}{x}}$ 在 $x = 0$ 处不连续,

令 $t = (1 + x)^{\frac{1}{x}}$,则当 $x \to 0$ 时,$t \to e$,于是有

$$\lim_{x \to 0} \frac{\ln(1 + x)}{x} = \lim_{x \to 0} \ln(1 + x)^{\frac{1}{x}}$$

$$= \lim_{t \to e} \ln t = \ln e = 1.$$

**例 2-31**　求极限　$\lim\limits_{x \to 0} \dfrac{e^x - 1}{x}$.

**解**　令 $e^x-1=t$，则 $x=\ln(1+t)$，当 $x\to 0$ 时，$t\to 0$，于是

$$\lim_{x\to 0}\frac{e^x-1}{x}=\lim_{t\to 0}\frac{t}{\ln(1+t)}=\frac{1}{\lim_{t\to 0}\frac{\ln(1+t)}{t}}=1.$$

### 三、闭区间上连续函数的性质

下面我们不加证明地给出闭区间上连续函数的一些重要性质，这些性质常常用来作为分析问题的理论依据.

**定理 4（最大值最小值定理）**　若函数 $f(x)$ 在 $[a,b]$ 上连续，则 $f(x)$ 在 $[a,b]$ 上一定有最大值与最小值.

定理 4 说明，若设 $M=\max\limits_{a\leqslant x\leqslant b}\{f(x)\}$ 与 $m=\min\limits_{a\leqslant x\leqslant b}\{f(x)\}$ 分别为函数 $f(x)$ 在 $[a,b]$ 上的最大值和最小值，则必存在 $x_1,x_2\in[a,b]$，使 $f(x_1)=M,f(x_2)=m$. $x_1$，$x_2$ 分别称为函数的**最大值点和最小值点**.

需要指出的是，开区间上的连续函数不一定有最大值和最小值. 例如函数 $f(x)=\dfrac{1}{x}$ 在 $(0,1)$ 上是连续的，但在这个区间上它没有最大值与最小值.

**定理 5（介值定理）**　若函数 $f(x)$ 在 $[a,b]$ 上连续，且 $f(a)\neq f(b)$，$c$ 为介于 $f(a)$ 与 $f(b)$ 之间的任何一个值，则至少存在一点 $x_0\in(a,b)$，使

$$f(x_0)=c.$$

**推论 1**　闭区间上的连续函数一定可以取得最大值与最小值之间的一切值.

**推论 2（零点定理）**　若函数 $f(x)$ 在 $[a,b]$ 上连续，且 $f(a)$ 和 $f(b)$ 异号，则至少存在一点 $x_0\in(a,b)$，使

$$f(x_0)=0,$$

即方程 $f(x)=0$ 在 $(a,b)$ 内至少有一个实数根.

**例 2-32**　求证方程 $x-2\sin x=0$ 在 $\left(\dfrac{\pi}{2},\pi\right)$ 内至少有一个实数根.

**证明** 记 $f(x) = x - 2\sin x$,它在 $\left[\frac{\pi}{2}, \pi\right]$ 上是连续的,又因为

$$f\left(\frac{\pi}{2}\right) = \frac{\pi}{2} - 2 < 0, \quad f(\pi) = \pi > 0,$$

由零点定理,至少存在一点 $x_0 \in \left(\frac{\pi}{2}, \pi\right)$,使

$$f(x_0) = 0,$$

即　　　　$x_0 - 2\sin x_0 = 0,$

因此方程 $x - 2\sin x = 0$ 在 $\left(\frac{\pi}{2}, \pi\right)$ 内至少有一个实数根.

# 习 题 二

1. 讨论下列极限是否存在:

(1) $\lim\limits_{x \to 0} \dfrac{|x|}{x}$;

(2) $\lim\limits_{n \to \infty}\left(1 + \dfrac{(-1)^n}{n}\right)$;

(3) $\lim\limits_{x \to \infty} \dfrac{x(x+2)}{x^2}$;

(4) $\lim\limits_{x \to 2} \dfrac{1}{\sin(x-2)}$.

2. 设函数

$$f(x) = \begin{cases} 3x - 1, & x < 1, \\ 1, & x = 1, \\ 3 - x, & x > 1. \end{cases}$$

求极限　$\lim\limits_{x \to \frac{3}{2}} f(x), \ \lim\limits_{x \to 0} f(x), \ \lim\limits_{x \to 1} f(x).$

3. 讨论下列函数在点 $x = 0$ 处的极限是否存在,若存在,求出极

限值：

(1) $f(x)=\begin{cases}0, & x=0, \\ 1, & x\neq 0.\end{cases}$

(2) $f(x)=\begin{cases}x+1, & -1\leqslant x\leqslant 0, \\ x, & 0<x\leqslant 1.\end{cases}$

(3) $f(x)=\begin{cases}x, & x<0, \\ -x, & x\geqslant 0.\end{cases}$

4. 计算下列极限：

(1) $\lim\limits_{x\to\infty}(2+\dfrac{1}{x}-\dfrac{x}{x^2+1})$；

(2) $\lim\limits_{x\to\infty}(1+\dfrac{1}{x})(2-\dfrac{x}{x^2+1})$；

(3) $\lim\limits_{x\to 0}x^2\sin\dfrac{1}{x^2}$；

(4) $\lim\limits_{x\to\infty}\dfrac{\cos x}{x}$；

(5) $\lim\limits_{x\to 3}(2x^2+3x-1)$；

(6) $\lim\limits_{x\to\sqrt{2}}\dfrac{x^2-3}{x^2+1}$；

(7) $\lim\limits_{x\to 2}\dfrac{x^2+5}{x^2-3}$；

(8) $\lim\limits_{x\to -1}\dfrac{x^2-3x-4}{x^2-1}$；

(9) $\lim\limits_{x\to\infty}\dfrac{3x^3+x^2+2}{1-x-4x^3}$；

(10) $\lim\limits_{x\to\infty}\dfrac{x^2+x}{x^4-3x^2+1}$；

(11) $\lim\limits_{n\to\infty}\dfrac{(n+1)(n+2)(n+3)}{3n^3}$；

(12) $\lim\limits_{x\to\infty}\dfrac{3x^3+2x^2-1}{x^2+x+1}$；

(13) $\lim\limits_{x \to +\infty} \dfrac{\sqrt{x+1} - \sqrt{x-1}}{x}$;

(14) $\lim\limits_{x \to 1} \dfrac{\sqrt{x} - 1}{x-1}$;

(15) $\lim\limits_{x \to 0} \dfrac{x^3 - 2x^2 + x}{3x^3 + 2x}$;

(16) $\lim\limits_{x \to 0} \dfrac{\sqrt{4+x^2} - 2}{x}$;

(17) $\lim\limits_{x \to -1} \left( \dfrac{1}{x+1} - \dfrac{3}{x^3 + 1} \right)$;

(18) $\lim\limits_{x \to 0} \dfrac{x}{\sin 3x}$;

(19) $\lim\limits_{x \to 0} \dfrac{\tan 4x}{\sin 5x}$;

(20) $\lim\limits_{x \to \infty} x \tan \dfrac{1}{x}$;

(21) $\lim\limits_{x \to \pi} \dfrac{\sin x}{\pi - x}$;

(22) $\lim\limits_{x \to 0^+} \dfrac{1 - \cos \sqrt{x}}{x}$;

(23) $\lim\limits_{x \to \infty} (1 - \dfrac{1}{x})^x$;

(24) $\lim\limits_{x \to 0} (1 - x)^{\frac{2}{x}}$;

(25) $\lim\limits_{n \to \infty} (1 + \dfrac{4}{n})^n$;

(26) $\lim\limits_{x \to 0} (1 + \sin x)^{\frac{2}{\sin x}}$;

(27) $\lim\limits_{x \to 0} (1 + 2x)^{\frac{2}{x}}$;

(28) $\lim\limits_{x \to \infty} \left( \dfrac{x+4}{x+1} \right)^{x+3}$;

(29) $\lim\limits_{x \to 1} x^{\frac{1}{x-1}}$.

5. 计算下列极限：

（1）$\lim\limits_{x \to +\infty} \cos \dfrac{1-x}{1+x}$；

（2）$\lim\limits_{x \to 0} \ln \dfrac{\sin x}{x}$；

（3）$\lim\limits_{x \to \frac{\pi}{2}} \sqrt{e^{\sin x}}$；

（4）$\lim\limits_{x \to 2} \arctan \dfrac{x^2-3}{x-1}$；

（5）$\lim\limits_{x \to 0} \dfrac{e^{2x}-1}{x}$；

（6）$\lim\limits_{x \to 0} \dfrac{\ln(1+2x)}{\tan 4x}$；

（7）$\lim\limits_{x \to -1} \dfrac{\ln(2+x)}{x+1}$.

6. 求常数 $a$ 的值，使得 $f(x)$ 在定义域内是连续函数：

（1）$f(x) = \begin{cases} \dfrac{\sin ax}{x}, & x \neq 0, \\[2mm] 2, & x = 0; \end{cases}$

（2）$f(x) = \begin{cases} \dfrac{\sqrt{1-x}-1}{x}, & x < 0, \\[2mm] a, & x \geqslant 0; \end{cases}$

（3）$f(x) = \begin{cases} \dfrac{1-\cos x}{x^2}, & x \neq 0, \\[2mm] a, & x = 0; \end{cases}$

（4）$f(x) = \begin{cases} \left( \dfrac{1-2x}{1+x} \right)^{\frac{1}{x}}, & x \neq 0, \\[2mm] a, & x = 0. \end{cases}$

7. 证明：方程 $2^x - 4x = 0$ 在开区间 $\left(0, \dfrac{1}{2}\right)$ 内必有实数根.

# 第三章　导数与微分

导数与微分是微分学中的两个基本概念. 本章从实际问题入手, 介绍导数和微分的概念, 讨论它们的计算方法, 并简单介绍导数的一些应用.

## 第一节　导数的概念

### 一、引例

**引例 3-1**　求变速直线运动的瞬时速度.

设物体作变速直线运动, 其运动路程 $s$ 与时间 $t$ 的函数关系为 $s = s(t)$, 下面考察物体在运动过程中 $t_0$ 时刻的瞬时速度 $v(t_0)$.

从 $t_0$ 时刻到 $t_0 + \Delta t$ 时刻, 路程由 $s(t_0)$ 变化到 $s(t_0 + \Delta t)$, 在这段时间内, 路程的改变量为

$$\Delta s = s(t_0 + \Delta t) - s(t_0),$$

则在时段 $[t_0, t_0 + \Delta t]$ 内的平均速度为

$$\bar{v} = \frac{\Delta s}{\Delta t} = \frac{s(t_0 + \Delta t) - s(t_0)}{\Delta t},$$

当 $\Delta t \to 0$ 时, 上述平均速度的极限为瞬时速度 $v(t_0)$, 即

$$v(t_0) = \lim_{\Delta t \to 0} \frac{\Delta s}{\Delta t} = \lim_{\Delta t \to 0} \frac{s(t_0 + \Delta t) - s(t_0)}{\Delta t}.$$

**引例 3-2**　求曲线的切线斜率.

什么叫做曲线 $L$ 在某一点的切线呢？ 如图 3-1 所示, 设 $P$ 是曲线 $L$ 上的一个定点, 在曲线上点 $P$ 的邻近处取一动点 $Q$, 得到曲线

的割线 $PQ$.当点 $Q$ 沿着曲线趋向于 $P$ 时,我们将割线 $PQ$ 的极限位置 $PT$ 称为曲线在点 $P$ 的切线.

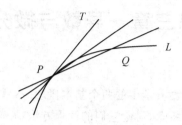

图 3-1

现在就函数 $y=f(x)$ 的图形来讨论切线问题:求曲线在点 $P(x_0,y_0)$ 处的切线斜率.

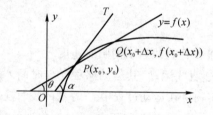

图 3-2

如图 3-2 所示,设点 $Q(x_0+\Delta x,f(x_0+\Delta x))$ 为曲线上点 $P$ 的邻近点,其中 $y_0=f(x_0)$,割线 $PQ$ 的极限位置为切线 $PT$,$\theta$ 为割线 $PQ$ 的倾角,$\alpha$ 为切线 $PT$ 的倾角,则割线 $PQ$ 的斜率

$$k_{PQ}=\tan\theta=\frac{\Delta y}{\Delta x}=\frac{f(x_0+\Delta x)-f(x_0)}{\Delta x},$$

当点 $Q$ 沿着曲线趋向于 $P$ 时,$\Delta x\to0$,$\theta\to\alpha$,则有切线 $PT$ 的斜率

$$k_{PT}=\tan\alpha=\lim_{\Delta x\to0}\frac{\Delta y}{\Delta x}=\lim_{\Delta x\to0}\frac{f(x_0+\Delta x)-f(x_0)}{\Delta x}.$$

## 二、导数的定义

**定义**　设函数 $y = f(x)$ 在点 $x_0$ 的某一邻域内有定义,给 $x_0$ 一个改变量 $\Delta x$,使得 $x_0 + \Delta x$ 仍在点 $x_0$ 的邻域内,相应的函数有改变量 $\Delta y = f(x_0 + \Delta x) - f(x_0)$,如果极限

$$\lim_{\Delta x \to 0} \frac{\Delta y}{\Delta x} = \lim_{\Delta x \to 0} \frac{f(x_0 + \Delta x) - f(x_0)}{\Delta x}$$

存在,则称 $y = f(x)$ 在点 $x_0$ 处**可导**,上述极限值称为 $y = f(x)$ 在点 $x_0$ 处的**导数**(或**微商**),记作 $f'(x_0)$,即

$$f'(x_0) = \lim_{\Delta x \to 0} \frac{\Delta y}{\Delta x} = \lim_{\Delta x \to 0} \frac{f(x_0 + \Delta x) - f(x_0)}{\Delta x}. \tag{$*$}$$

$f(x)$ 在点 $x_0$ 处的**导数**也可记作

$$y'|_{x=x_0}, \quad \frac{\mathrm{d}y}{\mathrm{d}x}\Big|_{x=x_0} \quad \text{或} \quad \frac{\mathrm{d}f(x)}{\mathrm{d}x}\Big|_{x=x_0} \text{等.}$$

若 $\dfrac{\Delta y}{\Delta x}$ 的极限不存在,则称函数 $y = f(x)$ 在点 $x_0$ 处**导数不存在**,或称 $y = f(x)$ 在点 $x_0$ 处**不可导**.

若记 $x_0 + \Delta x = x$,那么当 $\Delta x \to 0$ 时,$x \to x_0$,($*$)式可写成:

$$f'(x_0) = \lim_{x \to x_0} \frac{f(x) - f(x_0)}{x - x_0}.$$

类似于左、右极限的概念,我们定义

$$\lim_{\Delta x \to 0^-} \frac{\Delta y}{\Delta x} = \lim_{\Delta x \to 0^-} \frac{f(x_0 + \Delta x) - f(x_0)}{\Delta x}$$

为函数 $y = f(x)$ 在 $x_0$ 处的**左导数**,记作 $f'_-(x_0)$;定义

$$\lim_{\Delta x \to 0^+} \frac{\Delta y}{\Delta x} = \lim_{\Delta x \to 0^+} \frac{f(x_0 + \Delta x) - f(x_0)}{\Delta x}$$

为函数 $y = f(x)$ 在 $x_0$ 处的**右导数**,记作 $f'_+(x_0)$.

显然,函数 $y = f(x)$ 在 $x_0$ 处可导的充分必要条件是 $f'_-(x_0)$ 与 $f'_+(x_0)$ 存在并且相等.

如果函数 $y = f(x)$ 在 $(a,b)$ 内的每一点 $x$ 都可导,则称 $f(x)$ **在区间 $(a,b)$ 内可导**.这时,对于 $(a,b)$ 内的每一点 $x$,都对应着 $f(x)$ 的

一个确定导数值,从而就定义了一个新的函数,称为函数 $y = f(x)$ 的**导函数**,记作

$$f'(x), \quad y', \quad \frac{\mathrm{d}y}{\mathrm{d}x} \quad 或 \quad \frac{\mathrm{d}f(x)}{\mathrm{d}x}.$$

在不引起误解的情况下,导函数简称为导数. 将 ( * ) 式中的 $x_0$ 换成 $x$,得到导函数的定义式

$$f'(x) = \lim_{\Delta x \to 0} \frac{\Delta y}{\Delta x} = \lim_{\Delta x \to 0} \frac{f(x + \Delta x) - f(x)}{\Delta x}.$$

如果 $f(x)$ 在 $(a,b)$ 内可导,并且 $f'_+(a)$ 与 $f'_-(b)$ 均存在,则称函数 $y = f(x)$ 在闭区间 $[a,b]$ 上可导.

由上述定义可知:

(1)变速直线运动物体在 $t_0$ 时刻的瞬时速度就是路程函数 $s = s(t)$ 在 $t_0$ 处的导数,即

$$v(t_0) = \frac{\mathrm{d}s}{\mathrm{d}t} \bigg|_{t = t_0};$$

(2)曲线 $y = f(x)$ 在点 $(x_0, y_0)$ 处的切线斜率就是曲线的纵坐标 $y$ 在切点横坐标 $x_0$ 处的导数,即

$$k = \tan\alpha = \frac{\mathrm{d}y}{\mathrm{d}x} \bigg|_{x = x_0}.$$

**例 3-1**　求函数 $y = x^2$ 在 $x = 1$ 处的导数 $y'|_{x=1}$.

**解**　$y'|_{x=1} = \lim_{x \to 1} \dfrac{x^2 - 1}{x - 1} = \lim_{x \to 1} \dfrac{(x-1)(x+1)}{x - 1} = 2.$

**例 3-2**　求函数 $y = \ln x$ 的导数 $y'$,并求 $y'|_{x=1}$ 和 $y'|_{x=2}$.

**解**　$y' = \lim\limits_{\Delta x \to 0} \dfrac{\Delta y}{\Delta x} = \lim\limits_{\Delta x \to 0} \dfrac{\ln(x + \Delta x) - \ln x}{\Delta x}$

$$= \lim_{\Delta x \to 0} \frac{\ln\left(1 + \frac{\Delta x}{x}\right)}{\Delta x} = \lim_{\Delta x \to 0} \frac{1}{x} \frac{x}{\Delta x} \ln\left(1 + \frac{\Delta x}{x}\right)$$

$$= \frac{1}{x} \lim_{\Delta x \to 0} \ln\left(1 + \frac{\Delta x}{x}\right)^{\frac{x}{\Delta x}} = \frac{1}{x} \ln e = \frac{1}{x},$$

$$y'\big|_{x=1} = \frac{1}{x}\bigg|_{x=1} = 1,$$

$$y'\big|_{x=2} = \frac{1}{x}\bigg|_{x=2} = \frac{1}{2}.$$

### 三、导数的几何意义

由引例 3-2 以及导数的定义,我们知道导数的几何意义是曲线在某点的切线的斜率.因此曲线 $y=f(x)$ 在点 $x_0$ 处的切线方程为

$$y-y_0 = f'(x_0)(x-x_0),$$

当 $f'(x_0)\neq 0$ 时,法线方程为

$$y-y_0 = -\frac{1}{f'(x_0)}(x-x_0).$$

**例 3-3**　求曲线 $y=x^2$ 在点 $(1,1)$ 处的切线方程和法线方程.

**解**　由例 3-1 知函数 $y=x^2$ 在 $x=1$ 处的导数 $y'\big|_{x=1}$ 为 $2$,根据导数的几何意义,曲线 $y=x^2$ 在点 $(1,1)$ 处的切线斜率为 $2$,

故该点处的切线方程为

$$y-1 = 2(x-1),$$

即

$$y=2x-1.$$

法线方程为

$$y-1 = -\frac{1}{2}(x-1),$$

即

$$y=-\frac{1}{2}x+\frac{3}{2}.$$

### 四、函数可导性与连续性的关系

下面我们来讨论函数在某点可导与连续之间的关系.

**定理**　若函数 $y=f(x)$ 在点 $x_0$ 处可导,则函数在该点连续.

**证明**　若函数 $y=f(x)$ 在点 $x_0$ 处可导,则有

$$\lim_{x\to x_0}\frac{f(x)-f(x_0)}{x-x_0} = f'(x_0),$$

由于

$$\lim_{x \to x_0}[f(x)-f(x_0)]=\lim_{x \to x_0}\frac{f(x)-f(x_0)}{x-x_0}(x-x_0)$$

$$=\lim_{x \to x_0}\frac{f(x)-f(x_0)}{x-x_0}\cdot\lim_{x \to x_0}(x-x_0)$$

$$=f'(x_0)\cdot 0=0.$$

即

$$\lim_{x \to x_0}f(x)=f(x_0),$$

因此函数 $y=f(x)$ 在点 $x_0$ 处连续.

这个定理的逆命题并不成立,即函数在某点连续却不一定在该点可导.下面举例说明.

**例 3-4** 讨论函数

$$f(x)=|x|=\begin{cases} x, & x \geqslant 0, \\ -x, & x<0 \end{cases}$$

在 $x=0$ 处的可导性.

**解** 先考虑 $f(x)$ 在 $x=0$ 处的左、右极限.

$$f(0+0)=\lim_{x \to 0^+}|x|=\lim_{x \to 0^+}x=0;$$

$$f(0-0)=\lim_{x \to 0^-}|x|=\lim_{x \to 0^-}(-x)=0$$

由于 $f(0+0)=f(0-0)=f(0)$,因此该函数在 $x=0$ 处连续（如图 3-3 所示).

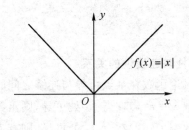

图 3-3

再考虑 $f(x)$ 在 $x=0$ 处的左、右导数.

$$f'_-(0) = \lim_{\Delta x \to 0^-} \frac{f(0+\Delta x)-f(0)}{\Delta x}$$

$$= \lim_{\Delta x \to 0^-} \frac{|\Delta x|-0}{\Delta x}$$

$$= \lim_{\Delta x \to 0^-} \frac{-\Delta x}{\Delta x} = -1;$$

$$f'_+(0) = \lim_{\Delta x \to 0^+} \frac{f(0+\Delta x)-f(0)}{\Delta x}$$

$$= \lim_{\Delta x \to 0^+} \frac{|\Delta x|-0}{\Delta x}$$

$$= \lim_{\Delta x \to 0^+} \frac{\Delta x}{\Delta x} = 1.$$

由于 $f'_+(x_0) \neq f'_-(x_0)$,因此函数 $f(x)=|x|$ 在 $x=0$ 处不可导.

由上述讨论可知,函数在某点连续是函数在该点可导的必要条件,但不是充分条件.

# 第二节　导数的基本公式与运算法则

## 一、导数的基本公式

下面根据导数的定义,列举几个基本初等函数的导数.

1. 常数函数 $y=C$ 的导数

因为

$$\Delta y = C - C = 0,$$

故

$$y' = \lim_{\Delta x \to 0} \frac{\Delta y}{\Delta x} = \lim_{\Delta x \to 0} \frac{0}{\Delta x} = 0,$$

即

$$C' = 0.$$

2. 指数函数 $y = e^x$ 的导数

因为

$$\Delta y = e^{x+\Delta x} - e^x,$$

故

$$\frac{\Delta y}{\Delta x} = \frac{e^{x+\Delta x} - e^x}{\Delta x} = e^x \frac{e^{\Delta x} - 1}{\Delta x},$$

令 $t = e^{\Delta x} - 1$, 则 $\Delta x = \ln(t+1)$,

$$y' = \lim_{\Delta x \to 0} \frac{\Delta y}{\Delta x} = e^x \lim_{\Delta x \to 0} \frac{e^{\Delta x} - 1}{\Delta x}$$

$$= e^x \lim_{t \to 0} \frac{t}{\ln(t+1)}$$

$$= e^x \lim_{t \to 0} \frac{1}{\ln(t+1)^{\frac{1}{t}}}$$

$$= e^x \frac{1}{\ln e} = e^x,$$

即

$$(e^x)' = e^x.$$

3. 幂函数 $y = x^a$ ($a$ 为实数) 的导数

我们先来求 $y = x^n$ 的导数.

因为

$$\Delta y = (x+\Delta x)^n - x^n$$

$$= C_n^0 x^n (\Delta x)^0 + C_n^1 x^{n-1}(\Delta x)^1 + \cdots + C_n^n x^0 (\Delta x)^n - x^n$$

$$= C_n^1 x^{n-1}(\Delta x)^1 + \cdots + C_n^n x^0 (\Delta x)^n,$$

故

$$y' = \lim_{\Delta x \to 0} \frac{\Delta y}{\Delta x} = \lim_{\Delta x \to 0} \frac{C_n^1 x^{n-1}(\Delta x)^1 + \cdots + C_n^n x^0 (\Delta x)^n}{\Delta x}$$

$$= \lim_{\Delta x \to 0} [C_n^1 x^{n-1}(\Delta x)^0 + \cdots + C_n^n x^0 (\Delta x)^{n-1}]$$

$$= C_n^1 x^{n-1} = n x^{n-1},$$

即

$$(x^n)' = nx^{n-1}.$$

事实上，$y = x^a$ 的导数为

$$(x^a)' = ax^{a-1},$$

具体的证明见第三节.

4. 正弦函数 $y = \sin x$ 的导数

因为

$$\Delta y = \sin(x + \Delta x) - \sin x = 2\cos(x + \frac{\Delta x}{2})\sin\frac{\Delta x}{2},$$

故

$$y' = \lim_{\Delta x \to 0}\frac{\Delta y}{\Delta x} = \lim_{\Delta x \to 0}\frac{\cos(x + \frac{\Delta x}{2})\sin\frac{\Delta x}{2}}{\frac{\Delta x}{2}}$$

$$= \lim_{\Delta x \to 0}\frac{\sin\frac{\Delta x}{2}}{\frac{\Delta x}{2}}\lim_{\Delta x \to 0}\cos(x + \frac{\Delta x}{2}) = \cos x,$$

即

$$(\sin x)' = \cos x.$$

类似地，可得到

$$(\cos x)' = -\sin x.$$

为了便于查阅，现将**基本初等函数的求导公式**列举如下（部分公式的证明将在后面给出）：

(1) $(C)' = 0$，（$C$ 为常数）；

(2) $(x^a)' = ax^{a-1}$，（$a$ 为实数）；

(3) $(a^x)' = a^x \ln a$，（$a > 0$，且 $a \neq 1$），

特别地，当 $a = e$ 时有

$$(e^x)' = e^x;$$

(4) $(\log_a x)' = \frac{1}{x\ln a}$，（$a > 0$，且 $a \neq 1$），

特别地，当 $a = e$ 时有

$$(\ln x)' = \frac{1}{x};$$

(5) $(\sin x)' = \cos x,$　　　　　　$(\cos x)' = -\sin x;$

(6) $(\tan x)' = \sec^2 x,$　　　　　　$(\cot x)' = -\csc^2 x;$

(7) $(\sec x)' = \sec x \tan x,$　　　　　　$(\csc x)' = -\csc x \cot x;$

(8) $(\arcsin x)' = \dfrac{1}{\sqrt{1-x^2}},$　$(\arccos x)' = -\dfrac{1}{\sqrt{1-x^2}};$

(9) $(\arctan x)' = \dfrac{1}{1+x^2},$　$(\operatorname{arccot} x)' = -\dfrac{1}{1+x^2}.$

**二、函数的四则运算求导公式**

对于比较复杂的函数，根据定义推导比较繁琐. 下面介绍函数的四则运算求导公式，以方便计算较复杂的函数导数.

**定理**　若函数 $u = u(x)$ 和 $v = v(x)$ 在点 $x$ 处可导，则它们的和、差、积、商（$v(x) \neq 0$）在该点也分别可导，且

(1) $[u(x) \pm v(x)]' = u'(x) \pm v'(x);$

(2) $[u(x)v(x)]' = u'(x)v(x) + u(x)v'(x);$

(3) $[Cu(x)]' = Cu'(x)$（$C$ 为常数）；

(4) $\left[\dfrac{u(x)}{v(x)}\right]' = \dfrac{u'(x)v(x) - u(x)v'(x)}{v^2(x)}.$

**证明**　为证明公式 (1)，设 $y = u(x) \pm v(x)$，则有

$$\Delta y = [u(x+\Delta x) \pm v(x+\Delta x)] - [u(x) \pm v(x)]$$
$$= [u(x+\Delta x) - u(x)] \pm [v(x+\Delta x) - v(x)]$$
$$= \Delta u \pm \Delta v,$$

因为 $u(x)$、$v(x)$ 可导，所以

$$\lim_{\Delta x \to 0} \frac{\Delta y}{\Delta x} = \lim_{\Delta x \to 0} \frac{\Delta u}{\Delta x} \pm \lim_{\Delta x \to 0} \frac{\Delta v}{\Delta x}$$
$$= u'(x) \pm v'(x),$$

即

$$[u(x) \pm v(x)]' = u'(x) \pm v'(x).$$

为证明公式 (2)，设 $y = u(x)v(x)$，则有

$$\Delta y = u(x+\Delta x)v(x+\Delta x) - u(x)v(x)$$
$$= [u(x+\Delta x)v(x+\Delta x) - u(x+\Delta x)v(x)]$$
$$+ [u(x+\Delta x)v(x) - u(x)v(x)]$$
$$= u(x+\Delta x)[v(x+\Delta x) - v(x)]$$
$$+ v(x)[u(x+\Delta x) - u(x)]$$
$$= u(x+\Delta x)\Delta v + v(x)\Delta u,$$

因为 $u(x)$、$v(x)$ 可导,所以

$$\lim_{\Delta x \to 0}\frac{\Delta y}{\Delta x} = \lim_{\Delta x \to 0}u(x+\Delta x)\frac{\Delta v}{\Delta x} + \lim_{\Delta x \to 0}v(x)\frac{\Delta u}{\Delta x}$$
$$= \lim_{\Delta x \to 0}u(x+\Delta x)\lim_{\Delta x \to 0}\frac{\Delta v}{\Delta x} + v(x)\lim_{\Delta x \to 0}\frac{\Delta u}{\Delta x}$$
$$= u(x)v'(x) + u'(x)v(x),$$

即

$$[u(x)v(x)]' = u'(x)v(x) + u(x)v'(x).$$

特别地,若 $v(x)=C$（$C$ 为常数）,则 $v'(x)=0$,代入上式,得

$$[Cu(x)]' = Cu'(x).$$

同理可证公式(4).

函数的和、差、积的求导公式也可推广到任意有限多个函数的情况,例如

$$[u_1(x) \pm u_2(x) \pm \cdots \pm u_n(x)]' = u_1'(x) \pm u_2'(x) \pm \cdots \pm u_n'(x);$$
$$[u_1(x)u_2(x)u_3(x)]' = u_1'(x)u_2(x)u_3(x) + u_1(x)u_2'(x)u_3(x)$$
$$+ u_1(x)u_2(x)u_3'(x).$$

**例 3-5**　设 $y = x^5 + \sin x - 3^x + \ln x$,求导数 $y'$.

**解**　$y' = (x^5)' + (\sin x)' - (3^x)' + (\ln x)'$

$$= 5x^4 + \cos x - 3^x \ln 3 + \frac{1}{x}.$$

**例 3-6**　设 $y = \dfrac{x+2}{x-2}$,求导数 $y'$.

**解**　$y' = \left(\dfrac{x+2}{x-2}\right)'$

$$= \frac{(x+2)'(x-2)-(x+2)(x-2)'}{(x-2)^2}$$

$$= \frac{(x-2)-(x+2)}{(x-2)^2}$$

$$= -\frac{4}{(x-2)^2}.$$

**例 3-7**　设 $y = e^x(\sqrt{x} + \cos x)$，求导数 $y'$.

**解**　$y' = (e^x)'(\sqrt{x} + \cos x) + e^x(\sqrt{x} + \cos x)'$

$$= e^x(\sqrt{x} + \cos x) + e^x[(x^{\frac{1}{2}})' + (\cos x)']$$

$$= e^x(\sqrt{x} + \cos x) + e^x(\frac{1}{2\sqrt{x}} - \sin x)$$

$$= e^x(\sqrt{x} + \frac{1}{2\sqrt{x}} - \sin x + \cos x).$$

**例 3-8**　设 $y = x^3 \ln x - \dfrac{2x}{x^2+1}$，求导数 $y'$.

**解**　$y' = (x^3 \ln x)' - 2(\dfrac{x}{x^2+1})'$

$$= (x^3)' \ln x + x^3 (\ln x)' - 2 \frac{x'(x^2+1)-x(x^2+1)'}{(x^2+1)^2}$$

$$= 3x^2 \ln x + x^3 \frac{1}{x} - 2 \frac{x^2+1-2x^2}{(x^2+1)^2}$$

$$= 3x^2 \ln x + x^2 - \frac{2(1-x^2)}{(x^2+1)^2}.$$

**例 3-9**　运用导数公式 $(\ln x)' = \dfrac{1}{x}$ 及四则运算求导公式证明：

$$(\log_a x)' = \frac{1}{x \ln a}.$$

**证明**　$(\log_a x)' = \left(\dfrac{\ln x}{\ln a}\right)' = \dfrac{1}{\ln a}(\ln x)' = \dfrac{1}{x \ln a}.$

**例 3-10**　运用 $\sin x$ 和 $\cos x$ 的导数公式及四则运算求导公式证明：

(1) $(\tan x)' = \sec^2 x$；　(2) $(\sec x)' = \sec x \tan x$.

**证明**　(1) $(\tan x)' = \left(\dfrac{\sin x}{\cos x}\right)'$

$$= \frac{(\sin x)' \cos x - \sin x (\cos x)'}{\cos^2 x}$$

$$= \frac{\cos^2 x + \sin^2 x}{\cos^2 x} = \frac{1}{\cos^2 x} = \sec^2 x,$$

即

$$(\tan x)' = \sec^2 x.$$

(2) $(\sec x)' = \left(\dfrac{1}{\cos x}\right)'$

$$= \frac{(1)' \cos x - 1(\cos x)'}{\cos^2 x}$$

$$= \frac{\sin x}{\cos^2 x} = \sec x \tan x,$$

即

$$(\sec x)' = \sec x \tan x.$$

同理可证

$$(\cot x)' = -\csc^2 x,$$

$$(\csc x)' = -\csc x \cot x.$$

**例 3-11**　设 $y = x \cdot \sin x \cdot \ln x$，求导数 $y'$.

**解**　$y' = (x \cdot \sin x \cdot \ln x)'$

$$= (x)' \cdot \sin x \cdot \ln x + x \cdot (\sin x)' \cdot \ln x + x \cdot \sin x \cdot (\ln x)'$$

$$= (\sin x + x\cos x)\ln x + \sin x.$$

**三、复合函数的求导法则**

**定理**　若函数 $u = \varphi(x)$ 在点 $x$ 处可导，函数 $y = f(u)$ 在对应点 $u$ 处可导，则复合函数 $y = f[\varphi(x)]$ 在点 $x$ 处可导，并且

$$\frac{\mathrm{d}y}{\mathrm{d}x} = \frac{\mathrm{d}y}{\mathrm{d}u} \cdot \frac{\mathrm{d}u}{\mathrm{d}x} \quad \text{或} \quad y_x{}' = y_u{}' \cdot u_x{}'.$$

上述定理表明,复合函数 $y$ 对自变量 $x$ 的导数等于 $y$ 对中间变量 $u$ 的导数乘以中间变量 $u$ 对自变量 $x$ 的导数. 复合函数求导公式

好像一条环环相扣的链条,因此也称为**链导法则**.

证明从略.

复合函数求导的关键,是对复合函数进行正确分解,即分析所给函数可看作由哪些函数复合而成.

对于复合函数的中间变量有两个或两个以上的情况,如 $y=f(u),u=\varphi(v),v=\psi(x)$,则复合函数 $y=f\{\varphi[\psi(x)]\}$ 的链导法则为:

$$\frac{\mathrm{d}y}{\mathrm{d}x}=\frac{\mathrm{d}y}{\mathrm{d}u}\cdot\frac{\mathrm{d}u}{\mathrm{d}v}\cdot\frac{\mathrm{d}v}{\mathrm{d}x} \quad \text{或} \quad y_x{}'=y_u{}'\cdot u_v{}'\cdot v_x{}'.$$

**例 3-12**　设 $y=(1+x^3)^8$,求导数 $y'$.

**解**　设 $y=u^8,u=1+x^3$,则有

$$y_x{}'=y_u{}'\cdot u_x{}'=(u^8)_u{}'\cdot(1+x^3)_x{}'$$
$$=8u^7\cdot3x^2=24x^2(1+x^3)^7.$$

**例 3-13**　设 $y=\ln(\sin x)$,求导数 $y'$.

**解**　设 $y=\ln u,u=\sin x$,则有

$$y_x{}'=y_u{}'\cdot u_x{}'=(\ln u)_u{}'\cdot(\sin x)_x{}'$$
$$=\frac{1}{u}\cdot\cos x=\frac{\cos x}{\sin x}=\cot x.$$

在熟练掌握链导法则以后,就不必写出中间变量,只要在心中默记就可以了.

**例 3-14**　设 $y=\arctan(2x)$,求导数 $y'$.

**解**　$y'=\dfrac{1}{1+(2x)^2}(2x)'=\dfrac{2}{1+4x^2}.$

**例 3-15**　设 $y=\ln(x+\sqrt{1+x^2})$,求导数 $y'$.

**解**　$y'=\dfrac{1}{x+\sqrt{1+x^2}}(x+\sqrt{1+x^2})'$

$$=\frac{1}{x+\sqrt{1+x^2}}\left[1+\frac{1}{2\sqrt{1+x^2}}(1+x^2)'\right]$$

$$=\frac{1}{x+\sqrt{1+x^2}}(1+\frac{2x}{2\sqrt{1+x^2}})$$

$$= \frac{1}{x+\sqrt{1+x^2}} \frac{\sqrt{1+x^2}+x}{\sqrt{1+x^2}}$$

$$= \frac{1}{\sqrt{1+x^2}}.$$

**例 3-16** 设 $y = \mathrm{e}^{-x}\sin\sqrt{x}$,求导数 $y'$.

**解** $y' = (\mathrm{e}^{-x}\sin\sqrt{x})' = (\mathrm{e}^{-x})'\sin\sqrt{x} + \mathrm{e}^{-x}(\sin\sqrt{x})'$

$$= \mathrm{e}^{-x}(-x)'\sin\sqrt{x} + \mathrm{e}^{-x}\cos\sqrt{x}(\sqrt{x})'$$

$$= -\mathrm{e}^{-x}\sin\sqrt{x} + \frac{\mathrm{e}^{-x}\cos\sqrt{x}}{2\sqrt{x}}.$$

**例 3-17** 设 $y = \ln|x| \ (x \neq 0)$,求导数 $y'$.

**解** 当 $x > 0$ 时,

$$y' = (\ln|x|)' = (\ln x)' = \frac{1}{x};$$

当 $x < 0$ 时,

$$y' = (\ln|x|)' = [\ln(-x)]'$$

$$= \frac{1}{-x}(-x)' = \frac{1}{-x}(-1) = \frac{1}{x}.$$

因此

$$(\ln|x|)' = \frac{1}{x}.$$

**例 3-18** 设 $y = \mathrm{e}^{\sin^2 x}$,求导数 $y'$.

**解** $y' = (\mathrm{e}^{\sin^2 x})' = \mathrm{e}^{\sin^2 x}(\sin^2 x)'$

$$= \mathrm{e}^{\sin^2 x} 2\sin x(\sin x)'$$

$$= \mathrm{e}^{\sin^2 x} 2\sin x\cos x$$

$$= \mathrm{e}^{\sin^2 x}\sin 2x.$$

**例 3-19** 验证 $(x^a)' = ax^{a-1}$ $(x > 0, a$ 为任意实数).

**解** 因为

$$x^a = \mathrm{e}^{\ln x^a} = \mathrm{e}^{a\ln x},$$

所以

$$(x^a)' = (\mathrm{e}^{a\ln x})' = (\mathrm{e}^{a\ln x})(a\ln x)'$$

$$= x^a\,\frac{a}{x} = ax^{a-1}.$$

用同样的方法可以验证 $(a^x)' = a^x\ln a$（读者自己完成）.

对于幂指函数 $y = a(x)^{b(x)}$，通常先将其变换成

$$y = \mathrm{e}^{b(x)\ln a(x)},$$

再应用复合函数求导法则求得它的导数. 此时不可单独运用幂函数或指数函数求导公式.

**例 3-20**　设 $y = x^{\sin x}\,(x>0)$，求导数 $y'$.

**解**　由于 $y = \mathrm{e}^{\ln x^{\sin x}} = \mathrm{e}^{\sin x\,\cdot\,\ln x}$，

因此，

$$y' = (\mathrm{e}^{\sin x\,\cdot\,\ln x})' = \mathrm{e}^{\sin x\,\cdot\,\ln x}(\sin x\,\cdot\,\ln x)'$$

$$= x^{\sin x}\left(\cos x\,\cdot\,\ln x + \frac{\sin x}{x}\right).$$

## 第三节　高阶导数

在变速直线运动中，路程函数 $s = s(t)$ 对时间 $t$ 的导数为 $v(t)$，即

$$v = \frac{\mathrm{d}s}{\mathrm{d}t},$$

而加速度 $a$ 又是 $v(t)$ 对 $t$ 的导数，即

$$a = \frac{\mathrm{d}v}{\mathrm{d}t} = \frac{\mathrm{d}}{\mathrm{d}t}\left(\frac{\mathrm{d}s}{\mathrm{d}t}\right).$$

我们把 $\dfrac{\mathrm{d}}{\mathrm{d}t}\left(\dfrac{\mathrm{d}s}{\mathrm{d}t}\right)$ 叫做 $s$ 关于 $t$ 的**二阶导数**，记为 $\dfrac{\mathrm{d}^2 s}{\mathrm{d}t^2}$. 因此变速直线运动的加速度就是路程函数 $s$ 对时间 $t$ 的二阶导数.

一般地，函数 $y = f(x)$ 的导函数 $f'(x)$ 仍是 $x$ 的函数，如果 $f'(x)$ 的导数仍然存在，则 $f'(x)$ 的导数 $[f'(x)]'$ 称为函数 $y = f(x)$ 的二阶导数，记为

$$y'', \quad f''(x), \quad \frac{\mathrm{d}^2 y}{\mathrm{d}x^2} \quad \text{或} \quad \frac{\mathrm{d}^2 f}{\mathrm{d}x^2},$$

并称该函数在点 $x$ 处二阶可导. 相应地, 我们把 $f'(x)$ 称为 $y=f(x)$ 的一阶导数.

事实上,

$$f''(x) = [f'(x)]' = \lim_{\Delta x \to 0} \frac{f'(x+\Delta x) - f'(x)}{\Delta x}.$$

类似上述定义, $n-1$ 阶导数的导数, 称为 **$n$ 阶导数**, 记为

$$y^{(n)}, \quad f^{(n)}(x), \quad \frac{\mathrm{d}^n y}{\mathrm{d}x^n} \quad \text{或} \quad \frac{\mathrm{d}^n f}{\mathrm{d}x^n}.$$

二阶及二阶以上的导数统称为**高阶导数**.

**例 3-21** 设 $y=ax+b$, 求二阶导数 $y''$.

**解** $y' = (ax+b)' = a$,

$y'' = (y')' = a' = 0$.

**例 3-22** 设 $y = \ln(1+x)$, 求 $x=0$ 处的二阶导数 $y''(0)$.

**解** $y' = \dfrac{1}{1+x}$,

$$y'' = \left(\frac{1}{1+x}\right)' = -\frac{1}{(1+x)^2},$$

$y''(0) = -1$.

**例 3-23** 设 $y = x^a$ （$a$ 为实数）, 求 $m$ 阶导数 $y^{(m)}$.

**解** 当 $a$ 不是正整数时,

$y' = ax^{a-1}$,

$y'' = a(a-1)x^{a-2}$,

……

$y^{(m)} = a(a-1)\cdots(a-m+1)x^{a-m}$.

当 $a$ 是正整数时, 不妨记 $a=n$,

$y^{(m)} = n(n-1)\cdots(n-m+1)x^{n-m}$, 当 $m < n$,

$y^{(n)} = n!$,

$y^{(m)} = 0$, 当 $m > n$.

**例 3-24** 设 $y=\mathrm{e}^{ax}$，求 $n$ 阶导数 $y^{(n)}$.

**解** $y'=(\mathrm{e}^{ax})'=a\mathrm{e}^{ax}$，

$y''=(y')'=(a\mathrm{e}^{ax})'=a^2\mathrm{e}^{ax}$，

$\vdots$

$y^{(n)}=[y^{(n-1)}]'=a^n\mathrm{e}^{ax}$.

**例 3-25** $y=\sin x$，求 $n$ 阶导数 $y^{(n)}$.

**解** $y'=\cos x=\sin(x+\dfrac{\pi}{2})$，

$y''=[\sin(x+\dfrac{\pi}{2})]'=\cos(x+\dfrac{\pi}{2})$

$=\sin(x+\dfrac{\pi}{2}+\dfrac{\pi}{2})=\sin(x+\dfrac{2\pi}{2})$ ，

$y'''=[\sin(x+\pi)]'=\cos(x+\pi)=\sin(x+\dfrac{3\pi}{2})$，

$\vdots$

不难看出，每求一次导数，自变量就增加了一个 $\dfrac{\pi}{2}$，因此

$$y^{(n)}=\sin(x+\dfrac{n\pi}{2}).$$

# 第四节　微分及其应用

本节介绍函数的微分. 微分与导数有密切的联系.

## 一、微分定义及几何意义

设有一块边长为 $x$ 的正方形铁皮，面积为 $S=x^2$. 铁皮受温度变化后边长改变了 $\Delta x$，面积的改变量为

$$\Delta S=(x+\Delta x)^2-x^2=2x\Delta x+(\Delta x)^2.$$

当 $\Delta x$ 很小时，$(\Delta x)^2$ 比 $\Delta x$ 更小，于是 $\Delta S$ 的数值主要取决于 $\Delta x$ 的线性部分，即

$$\Delta S \approx 2x\Delta x.$$

注意到 $\Delta x$ 的系数 $2x$ 恰为 $S = x^2$ 在 $x$ 处的导数,我们称 $2x\Delta x$ 为函数 $S = x^2$ 在 $x$ 处的微分.

一般地,有下述微分概念.

**定义** 设函数 $y = f(x)$ 在点 $x_0$ 处可导,$\Delta x$ 为自变量 $x_0$ 的改变量,则称

$$f'(x_0)\Delta x$$

为函数 $y = f(x)$ 在点 $x_0$ 处的**微分**,记为

$$\mathrm{d}y\Big|_{x=x_0} \quad \text{或} \quad \mathrm{d}f(x_0),$$

即

$$\mathrm{d}y\Big|_{x=x_0} = \mathrm{d}f(x_0) = f'(x_0)\Delta x,$$

并称 $y = f(x)$ 在点 $x_0$ 处**可微**.

通常把自变量的改变量 $\Delta x$ 称为 $x$ 的微分,即

$$\mathrm{d}x = \Delta x,$$

则函数 $y = f(x)$ 在点 $x$ 处的微分即为

$$\mathrm{d}y = f'(x)\mathrm{d}x. \tag{3-1}$$

当自变量 $x$ 有一个改变量 $\Delta x$,相应地函数 $y = f(x)$ 就产生一个改变量

$$\Delta y = f(x+\Delta x) - f(x),$$

当 $|\Delta x|$ 很小时,可以用微分的值 $\mathrm{d}y = f'(x)\Delta x$ 作为 $\Delta y$ 的近似值.

用 $\mathrm{d}x$ 除 (3-1) 式两边,得到

$$\frac{\mathrm{d}y}{\mathrm{d}x} = f'(x).$$

这就是说,函数的微分 $\mathrm{d}y$ 与自变量的微分 $\mathrm{d}x$ 之商等于函数的导数.因此导数也叫**微商**.以前我们将记号 $\dfrac{\mathrm{d}y}{\mathrm{d}x}$ 看作一个整体,以表示函数 $y$ 关于 $x$ 的导数,现在我们可以将它当作分式来处理了.

设函数 $y = f(x)$ 在点 $x_0$ 处可微 (图 3-4),$M_0T$ 是曲线 $y = f(x)$

上点 $M_0$ 处的切线，它与 $x$ 轴正向的夹角为 $\alpha$，于是在 $\triangle M_0NT$ 中，

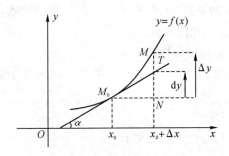

图 3-4

$$\mathrm{d}y = f'(x_0)\Delta x = \tan\alpha \cdot M_0N = NT,$$

即函数 $y = f(x)$ 在点 $x_0$ 处的微分为曲线在点 $(x_0, f(x_0))$ 处切线的纵坐标的改变量，而函数的改变量

$$\Delta y = f(x_0 + \Delta x) - f(x_0) = NM$$

是曲线纵坐标的改变量.

**二、微分的基本公式及运算法则**

由微分定义可知，求函数 $y = f(x)$ 的微分实际上可以归结为求导数，因此由导数的基本公式和运算法则可以直接建立微分的基本公式和四则运算公式.

**1. 基本初等函数的微分公式**

(1) $\mathrm{d}C = 0$；

(2) $\mathrm{d}x^a = ax^{a-1}\mathrm{d}x$（$a$ 为实数）；

(3) $\mathrm{d}a^x = a^x\ln a\mathrm{d}x$（$a > 0$，且 $a \neq 1$），

　　　$\mathrm{d}e^x = e^x\mathrm{d}x$；

(4) $\mathrm{d}\log_a x = \dfrac{1}{x\ln a}\mathrm{d}x$（$a > 0$，且 $a \neq 1$），

　　　$\mathrm{d}\ln x = \dfrac{1}{x}\mathrm{d}x$；

(5) $\mathrm{d}\sin x = \cos x\mathrm{d}x$, $\qquad\qquad$ $\mathrm{d}\cos x = -\sin x\mathrm{d}x$;

(6) $\mathrm{d}\tan x = \sec^2 x\mathrm{d}x$, $\qquad\qquad$ $\mathrm{d}\cot x = -\csc^2 x\mathrm{d}x$;

(7) $\mathrm{d}\arcsin x = \dfrac{1}{\sqrt{1-x^2}}\mathrm{d}x$, $\qquad$ $\mathrm{d}\arccos x = -\dfrac{1}{\sqrt{1-x^2}}\mathrm{d}x$;

(8) $\mathrm{d}\arctan x = \dfrac{1}{1+x^2}\mathrm{d}x$, $\qquad$ $\mathrm{d}\text{arccot}x = -\dfrac{1}{1+x^2}\mathrm{d}x$.

**2. 微分四则运算公式**

设 $u = u(x), v = v(x)$ 在点 $x$ 处可微,则

(1) $\mathrm{d}(u \pm v) = \mathrm{d}u \pm \mathrm{d}v$;

(2) $\mathrm{d}(uv) = u\mathrm{d}v + v\mathrm{d}u$, $\quad$ $\mathrm{d}(Cu) = C\mathrm{d}u$ ($C$ 为常数);

(3) $\mathrm{d}\left(\dfrac{u}{v}\right) = \dfrac{v\mathrm{d}u - u\mathrm{d}v}{v^2}$ $(v(x) \neq 0)$, $\quad$ $\mathrm{d}\left(\dfrac{1}{v}\right) = -\dfrac{\mathrm{d}v}{v^2}$.

**例 3-26** 设 $y = 2x^3 + 1$, 求微分 $\mathrm{d}y$.

**解** $\mathrm{d}y = (2x^3 + 1)'\mathrm{d}x = 6x^2\mathrm{d}x$.

**例 3-27** 设 $y = a^x(x^2 + 1)$ ($a > 0$ 且 $a \neq 1$), 求微分 $\mathrm{d}y$.

**解** $\mathrm{d}y = [a^x(x^2 + 1)]'\mathrm{d}x$

$\qquad = [(a^x\ln a)(x^2 + 1) + 2xa^x]\mathrm{d}x$

$\qquad = a^x[(x^2 + 1)\ln a + 2x]\mathrm{d}x$.

**例 3-28** 设 $y = \dfrac{x}{1-x^2}$, 求微分 $\mathrm{d}y$.

**解** $\mathrm{d}y = \left(\dfrac{x}{1-x^2}\right)'\mathrm{d}x$

$\qquad = \dfrac{x'(1-x^2) - x(1-x^2)'}{(1-x^2)^2}\mathrm{d}x$

$\qquad = \dfrac{1-x^2 + 2x^2}{(1-x^2)^2}\mathrm{d}x$

$\qquad = \dfrac{1+x^2}{(1-x^2)^2}\mathrm{d}x$.

**例 3-29** 设 $y = \mathrm{e}^{\cos^2 x}$, 求微分 $\mathrm{d}y$.

**解** $\mathrm{d}y = (\mathrm{e}^{\cos^2 x})'\mathrm{d}x = \mathrm{e}^{\cos^2 x}(\cos^2 x)'\mathrm{d}x$

$\qquad = 2\mathrm{e}^{\cos^2 x}\cos x(\cos x)'\mathrm{d}x = -\mathrm{e}^{\cos^2 x}\sin 2x\mathrm{d}x$.

### 三、微分在近似计算中的应用

设函数 $y = f(x)$ 在 $x_0$ 处可导，当 $|\Delta x|$ 很小时，有

$$\Delta y \approx \mathrm{d} y,$$

即

$$\Delta y = f(x_0 + \Delta x) - f(x_0) \approx f'(x_0) \cdot \Delta x, \tag{3-2}$$

或

$$f(x_0 + \Delta x) \approx f(x_0) + f'(x_0) \cdot \Delta x. \tag{3-3}$$

(3-2)式可用于求函数改变量的近似值,(3-3)式可用于求函数 $y = f(x)$ 在点 $x_0$ 处的邻近点 $x = x_0 + \Delta x$ 处函数值的近似值.

特别地,若取 $x_0 = 0$,$\Delta x = x$,那么当 $|x|$ 很小时,有

$$f(x) \approx f(0) + f'(0) \cdot x. \tag{3-4}$$

**例 3-30**　求 $\sqrt[3]{1.06}$ 的近似值,精确到小数点后两位.

**解**　设函数 $f(x) = \sqrt[3]{1+x}$,$|x| = 0.06$ 很小,那么根据公式 (3-4)有

$$\sqrt[3]{1.06} = f(0.06) \approx f(0) + f'(0) \cdot 0.06,$$

而

$$f(0) = \sqrt[3]{1} = 1, \quad f'(0) = \frac{1}{3}(x+1)^{-\frac{2}{3}} \Big|_{x=0} = \frac{1}{3},$$

于是

$$\sqrt[3]{1.06} \approx 1 + \frac{1}{3} \cdot 0.06 \approx 1.02.$$

**例 3-31**　有一半径 2cm 的铁球,现在球表面镀一层厚度为 0.01cm的铜,问约需用铜多少 g?（铜的密度 $\rho = 8.9\mathrm{g/cm^3}$）.

**解**　设需要镀铜质量为 $\Delta W$,则 $\Delta W = 8.9 \Delta V$,其中 $\Delta V$ 为球体体积 $V = \frac{4}{3}\pi r^3$ 的改变量. 由题意可取 $r_0 = 2$,$\Delta r = 0.01$. 于是

$$\Delta V \approx \mathrm{d} V = f'(r_0) \Delta r = f'(2) \cdot 0.01,$$

而　　$f'(2) = 4\pi r^2 \big|_{r_0 = 2} = 16\pi,$

于是镀铜的质量约为

$$\Delta W = 8.9\Delta V \approx 8.9 \mathrm{d}V$$
$$= 8.9 \times 16\pi \times 0.01 \approx 4.47 (\mathrm{g}).$$

# 第五节　导数的应用

## 一、函数单调性的判别

函数在某区间的单调性与函数的导数在该区间内的符号有着密切的关系.

**定理**　设函数 $y = f(x)$ 在区间 $(a,b)$ 内可导,

(1)如果在 $(a,b)$ 内 $f'(x) > 0$,那么函数 $y = f(x)$ 在 $(a,b)$ 内单调增加；

(2)如果在 $(a,b)$ 内 $f'(x) < 0$,那么函数 $y = f(x)$ 在 $(a,b)$ 内单调减少.

证明从略.

**例 3-32**　判定函数 $f(x) = x + \ln x$ 在 $(0, +\infty)$ 内的单调性.

**解**　因为在 $(0, +\infty)$ 内

$$f'(x) = 1 + \frac{1}{x} > 0,$$

所以由定理可知,$f(x) = x + \ln x$ 在 $(0, +\infty)$ 内单调增加.

**例 3-33**　讨论函数 $f(x) = 2x^3 - 9x^2 + 12x - 5$ 的单调性.

**解**　函数 $f(x) = 2x^3 - 9x^2 + 12x - 5$ 的定义域为 $(-\infty, +\infty)$,又

$$f'(x) = 6x^2 - 18x + 12 = 6(x-2)(x-1),$$

在 $(-\infty, 1)$ 及 $(2, +\infty)$ 内 $f'(x) > 0$,因此该函数在 $(-\infty, 1)$ 及 $(2, +\infty)$ 内单调增加；在 $(1, 2)$ 内 $f'(x) < 0$,因此该函数在 $(1, 2)$ 内单调减少.

## 二、函数的极值

设函数 $y = f(x)$ 的图形如图 3-5 所示,在 $x = x_1$ 处图形出现"峰",在点 $x_1$ 处的函数值都不小于点 $x_1$ 两侧附近各点的函数值,在

$x=x_2$ 处图形出现"谷"，在点 $x_2$ 处的函数值都不大于点 $x_2$ 两侧附近各点的函数值，这种特殊的峰谷点就是下面要讨论的函数极值点.

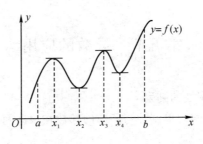

图 3-5

**定义**　设函数 $y=f(x)$ 在 $(a,b)$ 内有定义，$x_0\in(a,b)$，若存在点 $x_0$ 的一个邻域，对该邻域内所有点 $x$，有 $f(x)\leqslant f(x_0)$，则称 $f(x_0)$ 为函数 $y=f(x)$ 的**极大值**；若对该邻域内所有点 $x$，有 $f(x)\geqslant f(x_0)$，则称 $f(x_0)$ 为函数 $y=f(x)$ 的**极小值**.

函数的极大值和极小值统称**极值**，使函数 $y=f(x)$ 取到极值的点 $x_0$ 称为**极值点**.

函数的极大（极小）值概念是局部性的，因此极大（极小）值并不一定是函数在整个区间 $[a,b]$ 上的最大（最小）值. 如图 3-5 所示，函数在区间 $[a,b]$ 上有两个极大值：$f(x_1)$ 和 $f(x_3)$，但它们都不是区间 $[a,b]$ 上的最大值. 函数 $y=f(x)$ 在区间端点 $b$ 处取得最大值 $f(b)$，但却不是极大值. 同理极小值也是一个局部的概念.

求极值的关键是找到极值点. 从图 3-5 看到，若函数 $y=f(x)$ 在某点处取到极值，且在该点存在切线，则曲线在该点处的切线一定是水平的，即满足 $f'(x_0)=0$，事实上，函数取得极值的必要条件如下.

**定理（极值存在的必要条件）**　设函数 $y=f(x)$ 在 $x=x_0$ 处的导数存在，且在 $x_0$ 处取得极值，则 $f'(x_0)=0$.

证明从略.

此定理指出，可导函数的极值点必满足 $f'(x)=0$. 但须注意的是,满足 $f'(x)=0$ 的点不一定是极值点.下面介绍 $y=f(x)$ 在点 $x_0$ 处取得极值的充分条件.

**定理(极值存在的充分条件)**　设函数 $y=f(x)$ 在点 $x_0$ 的某一邻域内连续且可导(但 $f'(x_0)$ 可以不存在),

(1)若在 $x_0$ 的左邻域内 $f'(x)>0$,在 $x_0$ 的右邻域内 $f'(x)<0$,则函数在 $x_0$ 处取到极大值 $f(x_0)$;

(2)若在 $x_0$ 的左邻域内 $f'(x)<0$,在 $x_0$ 的右邻域内 $f'(x)>0$,则函数在 $x_0$ 处取到极小值 $f(x_0)$;

(3)若在 $x_0$ 的左、右邻域内 $f'(x)$ 不变号,则 $x=x_0$ 不是极值点.

**例 3-34**　求函数 $f(x)=x^3-12x$ 的极值.

**解**　函数的定义域为 $(-\infty,+\infty)$,
$$f'(x)=3x^2-12=3(x+2)(x-2),$$
令 $f'(x)=0$,得到 $x_1=-2,x_2=2$.

(1)当 $x$ 在 $-2$ 的左邻域时,$f'(x)>0$,当 $x$ 在 $-2$ 的右邻域时,$f'(x)<0$,故函数在 $x_1=-2$ 处取到极大值
$$f(-2)=16;$$

(2)当 $x$ 在 2 的左邻域时,$f'(x)<0$,当 $x$ 在 2 的右邻域时,$f'(x)>0$,故函数在 $x_2=2$ 处取到极小值
$$f(2)=-16.$$

在实际问题中,如果极值是唯一的,那么该极值往往也就是函数的最大值或最小值,因此可以按照判断极值的方法来求一些实际问题的最大值或最小值.

**例 3-35**　将边长为 $a$ 的一块正方形铁皮,四角各截去一个大小相同的小正方形,然后将四边折起做成一个无盖的方盒.问截掉的小正方形边长为多大时,所得方盒的容积最大?

**解**　设截去的小正方形的边长为 $x$,则盒底的边长为 $a-2x$.因此,方盒的容积为

$$V = x(a-2x)^2, \; x \in \left(0, \frac{a}{2}\right),$$

求得

$$V' = (a-2x)(a-6x),$$

令 $V'=0$，得到 $x_1 = \dfrac{a}{6}$，$x_2 = \dfrac{a}{2}$，

由 $x$ 的取值范围，知 $x_1 = \dfrac{a}{6}$ 符合条件，该点就是最大值点，即当截去的小正方形的边长等于所给正方形铁皮边长的 $\dfrac{1}{6}$ 时，所做成的方盒体积最大.

**例 3-36**　要用铁皮作一个容积为 $V$ 的有盖圆柱形牛奶筒，问底面半径为多少时用料最省？

**解**　设所做的圆柱形牛奶筒的表面积为 $S$，底圆半径为 $r$，高为 $h$，则

$$S(r) = 2\pi r^2 + 2\pi rh,$$

由 $V = \pi r^2 h$ 得到 $h = \dfrac{V}{\pi r^2}$，代入上式，得

$$S(r) = 2\pi r^2 + \frac{2V}{r}, \; r \in (0, +\infty),$$

令 $S'(r) = 4\pi r - \dfrac{2V}{r^2} = 0$，得到 $r = \sqrt[3]{\dfrac{V}{2\pi}}$，不难分析得到该点就是最小值点，即底面半径 $r = \sqrt[3]{\dfrac{V}{2\pi}}$ 时用料最省.

### 三、导数在经济学中的应用

1. 常用的经济函数

（1）成本函数

若 $x$ 表示某产品的产量（在理想状态下，认为产量即销量），则生产一定数量的产品所消耗费用的总和称为总成本，记为 $C(x)$. 一般地，总成本由固定成本 $C_0$ 和可变成本 $C_1(x)$ 两部分组成

$$C(x) = C_0 + C_1(x).$$

其中固定成本 $C_0$ 与产量无关,如厂房,设备等;可变成本 $C_1(x)$ 与产量 $x$ 有关,如材料费、运输费等.

$$\bar{C}(x) = \frac{C(x)}{x}$$

表示平均单位成本.

（2）需求函数

消费者对某种商品的需求量 $Q$ 是由多种因素决定的,其中单价 $p$ 是一个主要因素.如果除单价 $p$ 外,影响需求量的其他因素在一定时期内变化很少,可以认为其他因素对需求暂无影响.记需求函数为

$$Q = f(p).$$

一般来说,单价 $p$ 的上涨会使需求量减少,因此它通常是一个递减函数.

一般情况下,某种产品的产量 $x$ 与市场的需求量 $Q$ 成正比,在理想情况下,可以认为两者相等,即 $x = Q$,因此,需求函数也写作

$$x = f(p),$$

同时,其反函数

$$p = f^{-1}(x)$$

也称为需求函数.

（3）利润函数

当产品的销量等于生产量时,产品销售后的利润函数 $L(x)$ 等于收入函数 $R(x)$ 减去成本函数 $C(x)$,即

$$L(x) = R(x) - C(x).$$

2. 边际函数

经济学中将函数的导数称为边际函数.成本函数、收入函数、利润函数的导数分别定义为对应函数的边际函数,即

边际成本：$C_M(x) = C'(x)$,

边际收入：$R_M(x) = R'(x)$,

边际利润：$L_M(x) = L'(x)$.

边际函数在一点 $x_0$ 处的值,可以近似地表示当自变量在 $x_0$ 的

基础上改变 1 个单位时,对应函数的相应改变量.

利润函数中

$$L'(x)=R'(x)-C'(x),$$

$L(x)$ 取到最大值的必要条件为

$$L'(x)=0,\text{即} R'(x)=C'(x),$$

于是取得最大利润的必要条件为:边际收入等于边际成本.

**例 3-37**　设工厂生产某种产品的成本函数为

$$C(x)=90000+\frac{x^2}{2500}(\text{元}),$$

求：(1)生产 5000 个产品时的总成本、平均单位成本和边际成本；

(2)平均单位成本最小时的产量.

**解**　(1)总成本 $C(5000)=90000+\dfrac{5000^2}{2500}=10(\text{万元})$,

平均单位成本

$$\overline{C}(5000)=\frac{C(5000)}{5000}=\frac{100000}{5000}=20(\text{元}/\text{个}),$$

边际成本 $\quad C_M(x)=C'(x)=\dfrac{x}{1250}$,

$$C_M(5000)=\frac{5000}{1250}=4(\text{元}/\text{个}).$$

这说明,生产前 5000 个产品平均需要成本为 20 元,而在产量 5000 个的水平上再生产 1 个产品,成本只需增加 4 元.

(2)平均单位成本

$$\overline{C}(x)=\frac{90000}{x}+\frac{x}{2500}(\text{元}/\text{个}),$$

令 $\overline{C}'(x)=-\dfrac{90000}{x^2}+\dfrac{1}{2500}=0$,得到 $x=15000$,不难分析得到该点就是最小值点,即产量 $x=15000(\text{个})$时,平均单位成本最小.

**例 3-38**　某产品平均单位成本 $\overline{C}$(单位:万元/吨)为产量 $x$(单位:吨)的函数

$$\overline{C}(x) = \frac{100}{x} + 2,$$

该产品售价为 $p$（单位：万元/吨），需求函数为

$$x = 12 - 0.2p,$$

求边际成本和边际收入，并分别分析 $x = 5, 6, 7$ 吨时，工厂的边际收入.

**解**　总成本

$$C(x) = x\overline{C}(x) = 100 + 2x,$$

边际成本

$$C_M(x) = C'(x) = 2（万元/吨）.$$

总收入

$$R(x) = x \cdot p = 5x(12 - x) = 60x - 5x^2,$$

边际收入

$$R_M(x) = R'(x) = 60 - 10x.$$

当 $x = 5, 6, 7$ 吨时，边际收入分别为 $R_M(5) = 10$ 万元/吨，$R_M(6) = 0$ 万元/吨，$R_M(7) = -10$ 万元/吨. 当 $x < 6$ 吨时，$R_M(x) > 0$，表示增加产量可使总收入增加；当 $x > 6$ 吨时，$R_M(x) < 0$，表示增加产量反而使总收入减少，因此当产量 $x = 6$ 吨时，总收入最大，最大收入为 $R(6) = 180$ 万元.

**例 3-39**　设生产 $x$ 件产品的成本函数为

$$C(x) = 50000 + 200x（元），$$

该产品单位售价为 $p$（单位：元/件），需求函数为

$$x = 5000 - 5p,$$

问产量为多少时总利润最大.

**解**　总利润

$$L(x) = R(x) - C(x)$$

$$= \frac{5000 - x}{5} \cdot x - (50000 + 200x)$$

$$= -\frac{x^2}{5} + 800x - 50000,$$

$$L'(x) = -\frac{2x}{5} + 800,$$

令 $L'(x) = 0$,得 $x = 2000$ 件,因此,当 $x = 2000$ 件时总利润最大,此时 $L(2000) = 750000$ 元.

# 习 题 三

1.已知 $f(x) = 2x^2 + x + 1$,试按导数定义求 $f'(x)$,$f'(0)$ 及 $f'(1)$.

2.试按导数定义证明 $(\cos x)' = -\sin x$.

3.设 $y = f(x)$ 可导,试指出下列表达式中 $A$ 表示什么:

(1) $A = \lim\limits_{\Delta x \to 0} \dfrac{f(x_0 - \Delta x) - f(x_0)}{\Delta x}$;

(2) $A = \lim\limits_{t \to x} \dfrac{f(t) - f(x)}{t - x}$.

4.求下列函数的导数:

(1) $y = x^5$;  (2) $y = \sqrt[5]{x^2}$;

(3) $y = \log_2 x$;  (4) $y = \dfrac{1}{x^3}$;

(5) $y = x^3 \sqrt{x}$;  (6) $y = \dfrac{x^2 \sqrt[3]{x^2}}{\sqrt{x^3}}$.

5.求曲线 $y = \cos x$ 在点 $(0,1)$ 处的切线方程和法线方程.

6.已知曲线 $y = x^3$,

(1) 求曲线在点 $x = 2$ 处的切线方程和法线方程;

(2) 曲线上哪一点的切线平行于直线 $y = 3x$?

7.讨论下列函数在 $x = 0$ 处的连续性与可导性:

(1) $y = |2x| - 1$;

(2) $y = |\sin x|$.

8. 求下列函数的导数：

(1) $y=x^4+\sqrt[3]{x^4}-x^{-2}$；

(2) $y=\sin x-\cos x$；

(3) $y=\dfrac{1}{x}+\sqrt{x}$；

(4) $y=2^x\ln x$；

(5) $y=(3x^2-4)(4x^3+x-1)$；

(6) $y=\sec x\tan x$；

(7) $y=\sqrt{x}\ln x$；

(8) $y=\dfrac{1-x^2}{1+x^2}$；

(9) $y=\dfrac{\ln x}{x}$；

(10) $y=\dfrac{1-\ln x}{1+\ln x}$；

(11) $y=\dfrac{x-\cos x}{x+\sin x}$；

(12) $y=x^3\cdot 3^x\cdot\cos x$；

(13) $y=x\arcsin x$；

(14) $y=\dfrac{\operatorname{arccot}x}{x}$.

9. 求下列函数的导数：

(1) $y=(2x^3+3x-5)^5$；

(2) $y=\sqrt{2-x^2}$；

(3) $y=\cos(x^2+x+1)$；

(4) $y=\sqrt{x(x+3)}$；

(5) $y=\dfrac{1}{\sqrt{x^2+2x+3}}$；

(6) $y=\operatorname{arccot}(2x)$；

(7) $y=\ln(\cos x)$；

(8) $y=(\ln x)^3$；

(9) $y=\arcsin x^2$；

(10) $y=\sin(\sin x)$；

(11) $y=(\arcsin\dfrac{x}{2})^3$；

(12) $y=\sin\sqrt{x}+\sqrt{\sin x}$；

(13) $y=x\tan\dfrac{1}{x}$；

(14) $y=x\sqrt{\dfrac{1-x}{1+x}}$；

(15) $y=e^{-x}+e^{\frac{1}{x}}$；

(16) $y=x\sec^2 x$；

(17) $y=\arcsin\sqrt{1-x^2}$ $(x>0)$；

(18) $y=\dfrac{e^x-e^{-x}}{e^x+e^{-x}}$；

(19) $y=\sqrt{1+\ln^2 x}$；

(20) $y=\ln\tan\dfrac{x}{2}$；

(21) $y=\ln(x-\sqrt{x^2+a^2})$；

(22) $y = e^{\arctan\sqrt{x}}$；　　　　　　　　　(23) $y = x^x$；

(24) $y = (\sin x)^{\cos x}$．

10. 求下列函数的二阶导数 $y''$：

(1) $y = ax^2 + bx + c$；　　　　　　　(2) $y = \arctan x$；

(3) $y = \tan x$；　　　　　　　　　　(4) $y = xe^x$；

(5) $y = x^2 \ln x$；　　　　　　　　　(6) $y = \ln(\cos x)$；

(7) $y = \sin(x^3 + 1)$；　　　　　　　(8) $y = \ln(x + \sqrt{x^2 + a^2})$．

11. 求下列函数的 $n$ 阶导数 $y^{(n)}$：

(1) $y = \cos x$；　　　　　　　　　　(2) $y = \ln x$．

12. 求下列各函数的微分：

(1) $y = \dfrac{e^x - 1}{x}$；　　　　　　　　(2) $y = \cos^2 x$；

(3) $y = \arctan 3x$；　　　　　　　(4) $y = \sqrt{x + x^2}$；

(5) $y = \sin^2(x^2 - 1)$；　　　　　　(6) $y = x^2 e^{2x}$；

(7) $y = \ln\left(\sin\dfrac{x}{2}\right)$；　　　　　　(8) $y = x \cdot \ln^2 x \cdot \sin x$．

13. 求下列各式的近似值：

(1) $\sqrt{4.01}$；　　　　　　　　　　(2) $\sin 30°30'$．

14. 一金属球直径 $D = 16\text{cm}$，加热后直径成为 $16 + 0.08\text{cm}$，问球体积大约增加了多少？

15. 判定函数 $f(x) = \arctan x - x$ 的单调性．

16. 判定函数 $f(x) = x + \cos x (0 \leqslant x \leqslant 2\pi)$ 的单调性．

17. 讨论下列函数的单调区间和极值：

(1) $y = x^3 - 3x^2 + 7$；　　　　　　(2) $y = x - e^x$；

(3) $y = 2x + \dfrac{8}{x}$；　　　　　　　(4) $y = xe^x$．

18. 某工厂要靠墙壁盖一间长方形厂房，现有存砖只够砌 40m 长的墙壁．问应围成怎样的长方形才能使这间厂房面积最大？

19. 某地区防空洞的截面拟建成矩形加半圆，截面的面积为

$6\text{m}^2$,问底宽 $x$ 为多少时才能使截面的周长最小,从而使建造时所用的材料最省?

20.传说古人建造城市的时候,允许居民占有一天犁出的一条犁沟所围成的土地,假设一人一天犁出的犁沟的长度是常数 $l$,则所围土地是怎么样的矩形时面积最大?

21.某产品的售价为 $p$(单位:元/个),需求函数为 $x=160-2p$,求生产 100 个产品时的总收入.

22.已知生产 $x$ 件产品时的成本函数为
$$C(x)=1000+40\sqrt{x}(元),$$
求生产 1 万件产品时的边际成本.

23.某产品成本函数为
$$C(x)=1200+\frac{x^2}{1200}(元),$$
求:(1) 生产 900 个产品时的总成本与平均单位成本;

(2) 生产 900 个产品时的边际成本,并解释其实际经济意义.

24.生产某种产品的利润函数为
$$L(x)=5000+x-0.00001x^2(元),$$
问生产多少件产品时获得的利润最大,最大利润为多少?

25.设生产 $x$ 件某产品的成本函数为 $C(x)$(单位:元),其中固定成本为 1000 元,每多生产一件产品,成本增加 10 元,已知该商品的需求函数为
$$x=4000-200p,$$
求 $x$ 为多少时工厂总利润 $L$ 最大,最大利润为多少?

# 第四章　积　分

上一章介绍了一元函数的微分学,本章介绍一元函数的积分学,主要包括不定积分与定积分两部分.积分和微分有着密切的联系,从运算角度看,不定积分运算是微分运算的逆过程,而定积分则是微分在一给定区间上的无限累加.

## 第一节　不定积分的概念

### 一、不定积分的定义

在上一章,我们学习了如何求一个已知函数的导数,而在实际应用中,还会经常碰到其逆问题,即已知函数 $f(x)$,要求出函数 $F(x)$,使得 $F'(x)=f(x)$.

**定义**　设函数 $f(x)$ 在区间 $I$ 上有定义,如果存在 $F(x)$,对任一 $x \in I$ 均有

$$F'(x)=f(x) \quad \text{或者} \quad \mathrm{d}F(x)=f(x)\mathrm{d}x,$$

那么称 $F(x)$ 是 $f(x)$ 的一个**原函数**.

例如,由 $(\sin x)'=\cos x$ 知,$\sin x$ 是 $\cos x$ 的一个原函数.对任意常数 $C$,由于 $(\sin x+C)'=\cos x$,可见 $\sin x+C$ 也是 $\cos x$ 的原函数,由 $C$ 的任意性知 $\cos x$ 有无穷多个原函数.

可以证明,若 $F(x)$ 是 $f(x)$ 的一个原函数,则 $f(x)$ 的任一原函数都可表示成 $F(x)+C$ 的形式.

**定义**　设 $F(x)$ 是函数 $f(x)$ 的一个原函数,称 $F(x)+C$(其中

$C$ 是任意常数)为 $f(x)$ 的**不定积分**,记为 $\int f(x)\mathrm{d}x$,

即

$$\int f(x)\mathrm{d}x = F(x) + C.$$

其中,$\int$ 称为**积分号**,$f(x)$ 称为**被积函数**,$f(x)\mathrm{d}x$ 称为**被积表达式**,

$x$ 称为**积分变量**.

由于 $(\sin x)' = \cos x$,所以 $\sin x$ 是 $\cos x$ 的原函数,$\cos x$ 的不定积分为 $\sin x + C$,即 $\int \cos x dx = \sin x + C$.

对于 $C$ 的一个确定值 $C_0$,$F(x) + C_0$ 称为 $f(x)$ 的一条积分曲线. 由于 $C$ 可以取一切实数值,因此 $f(x)$ 的积分曲线有无穷多条,在这些积分曲线相同横坐标的点处作切线,这些切线都是沿 $y$ 轴方向彼此平行的,我们称所有这些积分曲线的全体为 $f(x)$ 的积分曲线族(见图 4-1).

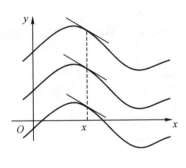

图 4-1

**例 4-1** 求不定积分 $\int x^3 \mathrm{d}x$.

**解** 因为 $\left(\dfrac{x^4}{4}\right)' = x^3$,所以 $\dfrac{x^4}{4}$ 是 $x^3$ 的一个原函数,因此

$$\int x^3 \, \mathrm{d}x = \frac{x^4}{4} + C.$$

由上述讨论可知，求原函数与求导数互为逆运算，即有：

$$\left[\int f(x)\mathrm{d}x\right]' = f(x) \quad \text{或} \quad \mathrm{d}\int f(x)\mathrm{d}x = f(x)\mathrm{d}x;$$

$$\int F'(x)\mathrm{d}x = F(x) + C \quad \text{或} \quad \int \mathrm{d}F(x) = F(x) + C.$$

## 二、不定积分的基本公式

根据不定积分的定义和初等函数求导公式，可以得到下面的基本积分表（其中 $C$ 是任意常数）.

基本积分表

(1) $\displaystyle\int 0\mathrm{d}x = C$；

(2) $\displaystyle\int k\mathrm{d}x = kx + C$（$k$ 是常数）；

(3) $\displaystyle\int x^a \mathrm{d}x = \frac{x^{a+1}}{a+1} + C$（$a \neq -1$ 为常数）；

(4) $\displaystyle\int \frac{1}{x}\mathrm{d}x = \ln|x| + C$；

(5) $\displaystyle\int a^x \mathrm{d}x = \frac{a^x}{\ln a} + C$（$a > 0$，且 $a \neq 1$）；

(6) $\displaystyle\int \mathrm{e}^x \mathrm{d}x = \mathrm{e}^x + C$；

(7) $\displaystyle\int \sin x \mathrm{d}x = -\cos x + C$；

(8) $\displaystyle\int \cos x \mathrm{d}x = \sin x + C$；

(9) $\displaystyle\int \sec^2 x \mathrm{d}x = \tan x + C$；

(10) $\displaystyle\int \csc^2 x \mathrm{d}x = -\cot x + C$；

(11) $\displaystyle\int \frac{1}{\sqrt{1-x^2}}\mathrm{d}x = \arcsin x + C = -\arccos x + C_1$；

(12) $\displaystyle\int \frac{1}{1+x^2}\mathrm{d}x = \arctan x + C = -\operatorname{arccot} x + C_1.$

根据不定积分的定义,可以得到如下运算法则:

(1) 设 $f(x)$ 和 $g(x)$ 均存在原函数,则

$$\int [f(x) \pm g(x)]\mathrm{d}x = \int f(x)\mathrm{d}x \pm \int g(x)\mathrm{d}x;$$

(2) 设 $f(x)$ 存在原函数,常数 $k \neq 0$,则

$$\int k f(x)\mathrm{d}x = k\int f(x)\mathrm{d}x.$$

利用基本积分表以及不定积分的运算法则,可以求出一些简单函数的不定积分.

**例 4-2** 求不定积分 $\displaystyle\int(\sqrt{x} - \frac{5}{\sqrt[3]{x}} - \frac{3}{x} - 3)\mathrm{d}x.$

**解** $\displaystyle\int(\sqrt{x} - \frac{5}{\sqrt[3]{x}} - \frac{3}{x} - 3)\mathrm{d}x$

$$= \int x^{\frac{1}{2}}\mathrm{d}x - 5\int x^{-\frac{1}{3}}\mathrm{d}x - 3\int \frac{1}{x}\mathrm{d}x - 3\int \mathrm{d}x$$

$$= \frac{x^{\frac{1}{2}+1}}{\frac{1}{2}+1} - 5\frac{x^{-\frac{1}{3}+1}}{-\frac{1}{3}+1} - 3\ln|x| - 3x + C$$

$$= \frac{2}{3}x^{\frac{3}{2}} - \frac{15}{2}x^{\frac{2}{3}} - 3\ln|x| - 3x + C.$$

**例 4-3** 求不定积分 $\displaystyle\int(2\mathrm{e}^x - 3\sin x)\mathrm{d}x.$

**解** $\displaystyle\int(2\mathrm{e}^x - 3\sin x)\mathrm{d}x = 2\int \mathrm{e}^x\mathrm{d}x - 3\int \sin x\mathrm{d}x$

$$= 2\mathrm{e}^x + 3\cos x + C.$$

**例 4-4** 求不定积分 $\displaystyle\int \frac{x^4+1}{x^2+1}\mathrm{d}x.$

**解** $\displaystyle\int \frac{x^4+1}{x^2+1}\mathrm{d}x = \int \frac{(x^2-1)(x^2+1)+2}{x^2+1}\mathrm{d}x$

$$= \int (x^2 - 1 + \frac{2}{x^2+1})\mathrm{d}x$$

$$= \int x^2 \mathrm{d}x - \int \mathrm{d}x + 2\int \frac{1}{x^2+1} \mathrm{d}x$$

$$= \frac{x^3}{3} - x + 2\arctan x + C.$$

**例 4-5**  求不定积分 $\displaystyle\int \frac{1}{x^2(1+x^2)} \mathrm{d}x$.

**解**   $\displaystyle\int \frac{1}{x^2(1+x^2)} \mathrm{d}x = \int \frac{(1+x^2)-x^2}{x^2(1+x^2)} \mathrm{d}x$

$$= \int x^{-2} \mathrm{d}x - \int \frac{1}{1+x^2} \mathrm{d}x$$

$$= \frac{x^{-2+1}}{-2+1} - \arctan x + C$$

$$= -\frac{1}{x} - \arctan x + C.$$

**例 4-6**  求不定积分 $\displaystyle\int \cos^2 \frac{x}{2} \mathrm{d}x$.

**解**   $\displaystyle\int \cos^2 \frac{x}{2} \mathrm{d}x = \int \frac{1+\cos x}{2} \mathrm{d}x$

$$= \frac{1}{2}\left(\int \mathrm{d}x + \int \cos x \mathrm{d}x\right)$$

$$= \frac{1}{2}(x + \sin x) + C.$$

# 第二节   不定积分的换元法

利用基本积分表与不定积分的运算法则,能够求解的不定积分非常有限,如

$$\int \sqrt{1+x} \, \mathrm{d}x \quad \text{和} \quad \int \cos^2 x \sin x \mathrm{d}x$$

就不能用这些方法求出.本节将介绍一种常见的积分方法 —— 换元积分法(又称**凑微分法**).

**定理（换元积分法）** 设 $\int f(u)\mathrm{d}u = F(u) + C, u = \varphi(x)$ 具有连续导数，则

$$\int f[\varphi(x)]\varphi'(x)\mathrm{d}x = \int f[\varphi(x)]\mathrm{d}[\varphi(x)]$$
$$= F[\varphi(x)] + C.$$

**证明** 由假设

$$\int f(u)\mathrm{d}u = F(u) + C,$$

因此

$$F'(u) = f(u),$$

根据复合函数求导法则，知

$$\{F[\varphi(x)]\}' = F'[\varphi(x)]\varphi'(x)$$
$$= f[\varphi(x)]\varphi'(x),$$

从而定理得证.

**例 4-7** 求不定积分 $\int (3+2x)^{10}\mathrm{d}x$.

**解** 被积函数中，$(3+2x)^{10}$ 是一个复合函数：$(3+2x)^{10} = u^{10}$，$u = 3+2x$，而 $3+2x$ 的导数是 2，因此，作变换 $u = 3+2x$，便有

$$\int (3+2x)^{10}\mathrm{d}x = \frac{1}{2}\int (3+2x)^{10}(3+2x)'\mathrm{d}x$$
$$= \frac{1}{2}\int (3+2x)^{10}\mathrm{d}(3+2x)$$
$$= \frac{1}{2}\int u^{10}\mathrm{d}u = \frac{1}{22}u^{11} + C$$
$$= \frac{1}{22}(3+2x)^{11} + C.$$

**例 4-8** 求不定积分 $\int \cos^2 x\sin x\mathrm{d}x$.

**解** 被积函数中，$\cos^2 x$ 是一个复合函数：$\cos^2 x = u^2$，$u = \cos x$. 因为 $\sin x$ 恰好是 $-\cos x$ 的导数，因此，作变换 $u = \cos x$，便有

$$\int \cos^2 x \sin x \, \mathrm{d}x = -\int \cos^2 x (\cos x)' \, \mathrm{d}x$$

$$= -\int \cos^2 x \, \mathrm{d}(\cos x)$$

$$= -\int u^2 \, \mathrm{d}u = -\frac{1}{3} u^3 + C$$

$$= -\frac{1}{3} \cos^3 x + C.$$

我们把上述几个步骤归纳为一般形式：

若 $\int f(u) \, \mathrm{d}u = F(u) + C$，并令 $u = \varphi(x)$，则

$$\int f[\varphi(x)] \varphi'(x) \, \mathrm{d}x = \int f[\varphi(x)] \, \mathrm{d}[\varphi(x)]$$

$$= \int f(u) \, \mathrm{d}u$$

$$= F(u) + C$$

$$= F[\varphi(x)] + C.$$

在对变量代换比较熟练以后，中间变量 $u$ 可省略不写.

**例 4-9**　求不定积分 $\int x^2 \mathrm{e}^{x^3} \, \mathrm{d}x$.

**解**　$\displaystyle\int x^2 \mathrm{e}^{x^3} \, \mathrm{d}x = \frac{1}{3} \int \mathrm{e}^{x^3} (x^3)' \, \mathrm{d}x$

$$= \frac{1}{3} \int \mathrm{e}^{x^3} \, \mathrm{d}(x^3) = \frac{1}{3} \mathrm{e}^{x^3} + C.$$

**例 4-10**　求不定积分 $\displaystyle\int \frac{1}{x \ln x} \, \mathrm{d}x$.

**解**　$\displaystyle\int \frac{1}{x \ln x} \, \mathrm{d}x = \int \frac{1}{\ln x} (\ln x)' \, \mathrm{d}x$

$$= \int \frac{1}{\ln x} \, \mathrm{d}(\ln x) = \ln |\ln x| + C.$$

**例 4-11**　求不定积分 $\int \tan x \, \mathrm{d}x$.

**解**　$\displaystyle\int \tan x \, \mathrm{d}x = \int \frac{\sin x}{\cos x} \, \mathrm{d}x = -\int \frac{(\cos x)'}{\cos x} \, \mathrm{d}x$

$$=-\int \frac{d(\cos x)}{\cos x} =-\ln \mid \cos x \mid + C.$$

**例 4-12**　求不定积分 $\int \frac{1}{a^2+x^2} dx \ (a \neq 0)$.

**解**　$\int \frac{1}{a^2+x^2} dx = \frac{1}{a^2} \int \frac{1}{1+\left(\frac{x}{a}\right)^2} dx$

$$= \frac{1}{a} \int \frac{1}{1+\left(\frac{x}{a}\right)^2} d\left(\frac{x}{a}\right)$$

$$= \frac{1}{a} \arctan \frac{x}{a} + C.$$

**例 4-13**　求不定积分 $\int \frac{1}{x^2-a^2} dx \ (a \neq 0)$.

**解**　$\int \frac{1}{x^2-a^2} dx = \frac{1}{2a} \int \left(\frac{1}{x-a} - \frac{1}{x+a}\right) dx$

$$= \frac{1}{2a} \int \frac{1}{x-a} dx - \frac{1}{2a} \int \frac{1}{x+a} dx$$

$$= \frac{1}{2a} \int \frac{1}{x-a} d(x-a) - \frac{1}{2a} \int \frac{1}{x+a} d(x+a)$$

$$= \frac{1}{2a} \ln \mid x-a \mid - \frac{1}{2a} \ln \mid x+a \mid + C$$

$$= \frac{1}{2a} \ln \left| \frac{x-a}{x+a} \right| + C.$$

**例 4-14**　求不定积分 $\int \frac{1}{\sqrt{a^2-x^2}} dx \ (a > 0)$.

**解**　$\int \frac{1}{\sqrt{a^2-x^2}} dx = \frac{1}{a} \int \frac{1}{\sqrt{1-\left(\frac{x}{a}\right)^2}} dx$

$$= \int \frac{1}{\sqrt{1-\left(\frac{x}{a}\right)^2}} d\left(\frac{x}{a}\right) = \arcsin \frac{x}{a} + C.$$

**例 4-15**　求不定积分 $\int \sin^2 x \, dx$.

**解**　$\int \sin^2 x \, dx = \int \dfrac{1-\cos 2x}{2} dx$

$\qquad = \dfrac{1}{2}\left(\int dx - \int \cos 2x \, dx\right)$

$\qquad = \dfrac{1}{2}\int dx - \dfrac{1}{4}\int \cos 2x \, d(2x)$

$\qquad = \dfrac{x}{2} - \dfrac{\sin 2x}{4} + C.$

**例 4-16**　求不定积分 $\int \sin^3 x \, dx$.

**解**　$\int \sin^3 x \, dx = \int \sin^2 x \sin x \, dx$

$\qquad = -\int (1-\cos^2 x) d(\cos x)$

$\qquad = -\int d(\cos x) + \int \cos^2 x \, d(\cos x)$

$\qquad = -\cos x + \dfrac{1}{3}\cos^3 x + C.$

在本节最后，我们指出求一个函数的原函数比求一个函数的导数更加困难，并且对于一些函数来说，仅仅用凑微分法不能求出不定积分.

# 第三节　定积分的概念和性质

**一、定积分概念**

**引例 4-1**　求曲边梯形的面积.

设 $y=f(x)$ 为闭区间 $[a,b]$ 上的非负连续函数，由曲线 $y=f(x)$，直线 $x=a,x=b$ 以及 $x$ 轴所围成的图形（如图 4-2 所示）称为**曲边梯形**，下面讨论如何计算它的面积 $S$.

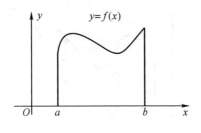

图 4-2

由于曲边梯形的高 $f(x)$ 随 $x$ 的变化而变化,因此不能直接运用矩形面积公式求得 $S$. 我们把这个曲边梯形分割成很多小的曲边梯形,由于 $f(x)$ 连续,高 $f(x)$ 在 $x$ 的很小一段区间上变化不大,因而用一些小矩形来代替小曲边梯形,可以认为这些小矩形面积的总和就是这个曲边梯形面积的近似值. 当这种分割无限加细时,小矩形面积之和的极限就可以定义为曲边梯形的面积 $S$. 现详述于下:

(1) 分割:在区间 $(a,b)$ 内任意插入 $n-1$ 个分点

$$a = x_0 < x_1 < x_2 < \cdots < x_{n-1} < x_n = b,$$

将 $[a,b]$ 分割成 $n$ 个小区间 $[x_{i-1},x_i]$,$i=1,2,\cdots,n$. 记第 $i$ 个小区间的长度为

$$\Delta x_i = x_i - x_{i-1}, \quad i=1,2,\cdots,n;$$

过每个分点作垂直 $x$ 轴的直线,把原来的曲边梯形分割成 $n$ 个小曲边梯形(如图 4-3 所示),记第 $i$ 个小曲边梯形的面积为

$$\Delta S_i, \quad i=1,2,\cdots,n;$$

(2) 近似代替:在每个小区间 $[x_{i-1},x_i]$ 上任取一点 $\xi_i$,用小矩形面积 $f(\xi_i)\Delta x_i$ 近似代替同底的小曲边梯形的面积,即

$$\Delta S_i \approx f(\xi_i)\Delta x_i, \quad i=1,2,\cdots n;$$

(3) 求和:将 $n$ 个小矩形的面积相加,得到该曲边梯形面积 $S$ 的近似值

$$S = \sum_{i=1}^{n} \Delta S_i \approx \sum_{i=1}^{n} f(\xi_i)\Delta x_i;$$

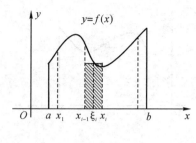

图 4-3

（4）取极限：当分割越细，所得的近似值就越接近于所要求的面积 $S$. 如果记 $\lambda = \max\limits_{1 \leqslant i \leqslant n}\{\Delta x_i\}$，则当 $\lambda \to 0$ 时，对和式 $\sum\limits_{i=1}^{n} f(\xi_i)\Delta x_i$ 取极限，这个极限值就是所求曲边梯形的面积，即

$$S = \lim_{\lambda \to 0} \sum_{i=1}^{n} f(\xi_i)\Delta x_i.$$

**引例 4-2**　求变速直线运动的路程.

设一物体作变速直线运动，其速度 $v = v(t)$ 是时间 $t$ 的连续函数，且 $v(t) \geqslant 0$，求它从时刻 $t = a$ 到时刻 $t = b$ 这段时间内所经过的路程 $s$.

由于物体做变速运动，不能直接用 $s = vt$ 的计算公式，这时可参照求曲边梯形面积的方法处理. 具体步骤如下：

（1）分割：把时间段 $[a,b]$ 任意分成 $n$ 个小区间，设分点为

$$a = t_0 < t_1 < t_2 < \cdots < t_{n-1} < t_n = b,$$
$$\Delta t_i = t_i - t_{i-1}, \quad i = 1, 2, \cdots, n;$$

（2）近似代替：在时段 $[t_{i-1}, t_i]$ 上任取一点 $T_i$，用 $v(T_i)$ 近似代替速度 $v(t), t \in [t_{i-1}, t_i]$，得到在此时段内所走过路程 $\Delta s_i$ 的一个近似值

$$\Delta s_i \approx v(T_i)\Delta t_i, \quad i = 1, 2, \cdots, n;$$

（3）求和：将 $\Delta s_i$ 的近似值相加，得到所求路程的近似值

$$s = \sum_{i=1}^{n} \Delta s_i \approx \sum_{i=1}^{n} v(T_i) \Delta t_i;$$

(4) 取极限:令 $\lambda = \max\limits_{1 \leqslant i \leqslant n} \{\Delta t_i\} \to 0$,则得到路程的精确值

$$s = \lim_{\lambda \to 0} \sum_{i=1}^{n} v(T_i) \Delta t_i.$$

抛开上述问题的具体意义,对其数学结构加以概括,我们得到定积分的如下定义.

**定义** 设函数 $y = f(x)$ 在区间 $[a, b]$ 上有界,在 $(a, b)$ 内任意插入 $n - 1$ 个分点

$$a = x_0 < x_1 < x_2 < \cdots < x_{n-1} < x_n = b,$$

把区间 $[a, b]$ 分成 $n$ 个小区间. 在每个小区间 $[x_{i-1}, x_i]$ 上任意取点 $\xi_i$,作和式

$$\sum_{i=1}^{n} f(\xi_i) \Delta x_i,$$

其中,$\Delta x_i = x_i - x_{i-1}, i = 1, 2, \cdots, n$. 记 $\lambda = \max\limits_{1 \leqslant i \leqslant n} \{\Delta x_i\}$,若当 $\lambda \to 0$ 时,上述和式 $\sum\limits_{i=1}^{n} f(\xi_i) \Delta x_i$ 的极限存在,且此极限值不依赖于区间 $[a, b]$ 的分割方法和 $\xi_i$ 的选取,则称函数 $y = f(x)$ 在区间 $[a, b]$ 上**可积**,并称此极限值为 $y = f(x)$ 在 $[a, b]$ 上的**定积分**,记为 $\int_a^b f(x) \mathrm{d}x$,即

$$\int_a^b f(x) \mathrm{d}x = \lim_{\lambda \to 0} \sum_{i=1}^{n} f(\xi_i) \Delta x_i,$$

其中,$f(x)$ 称为**被积函数**,$f(x)\mathrm{d}x$ 称为**被积表达式**,$x$ 称为**积分变量**,$[a, b]$ 称为**积分区间**,$a$ 称为**积分下限**,$b$ 称为**积分上限**.

根据定积分的概念,引例 4-1 中曲边梯形的面积可表示为

$$S = \int_a^b f(x) \mathrm{d}x;$$

引例 4-2 中变速直线运动路程可表示为

$$s = \int_a^b v(t)\,dt.$$

需要注意的是，定积分与不定积分是两个完全不同的概念.

（1）不定积分是微分运算的逆运算，而定积分是一种特殊的和式的极限；

（2）函数 $f(x)$ 的不定积分是无穷多个函数，而 $f(x)$ 的定积分是一个由被积函数 $f(x)$ 和积分区间 $[a,b]$ 所确定的数值，它与积分变量用哪个字母表示无关，即

$$\int_a^b f(x)\,dx = \int_a^b f(t)\,dt.$$

另外，在定积分的定义中，下限 $a$ 总是小于上限 $b$，为了今后使用方便，我们规定：

当 $a > b$ 时，$\displaystyle\int_a^b f(x)\,dx = -\int_b^a f(x)\,dx$；

当 $a = b$ 时，$\displaystyle\int_a^b f(x)\,dx = 0$.

可以证明，连续函数是可积的，另外若函数 $f(x)$ 在某区间上有界，且只有有限多个间断点，则 $f(x)$ 也是可积的.

以后，如无另外说明，都假定 $f(x)$ 在所给区间上是连续函数.

**二、定积分的几何意义**

在 $[a,b]$ 上，若 $f(x) \geqslant 0$，那么定积分 $\displaystyle\int_a^b f(x)\,dx$ 表示如图 4-4(a) 所示的曲边梯形的面积 $S$；若 $f(x) \leqslant 0$，它表示如图 4-4(b) 所示的曲边梯形面积 $S$ 的负值.

对于一般的 $f(x)$，定积分 $\displaystyle\int_a^b f(x)\,dx$ 的值是介于曲线 $y = f(x)$，

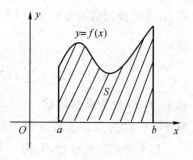

图 4-4(a)

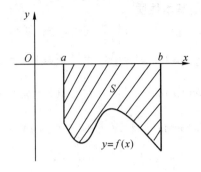

图 4-4(b)

直线 $x = a, x = b$ 及 $x$ 轴之间的各部分图形面积的代数和. 如图 4-4(c) 所示,有

$$\int_a^b f(x)\mathrm{d}x = S_1 - S_2 + S_3.$$

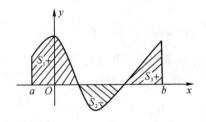

图 4-4(c)

特别地,当 $f(x) \equiv 1$ 时,有

$$\int_a^b 1\mathrm{d}x = \int_a^b \mathrm{d}x = b - a,$$

它是底边长为 $b - a$,高为 1 的矩形的面积.

**三、定积分的基本性质**

设函数 $f(x),g(x)$ 在所给区间上可积,则有

**性质 1**　$\displaystyle\int_a^b [f(x) \pm g(x)]\mathrm{d}x = \int_a^b f(x)\mathrm{d}x \pm \int_a^b g(x)\mathrm{d}x$;

**性质 2**　$\displaystyle\int_a^b k f(x)\mathrm{d}x = k\int_a^b f(x)\mathrm{d}x$ ( $k$ 是常数);

**性质 3**　$\displaystyle\int_a^b f(x)\mathrm{d}x = \int_a^c f(x)\mathrm{d}x + \int_c^b f(x)\mathrm{d}x$;

**性质 4**　若 $f(x) \geqslant 0, x \in [a,b]$,则

$$\int_a^b f(x)\mathrm{d}x \geqslant 0;$$

**推论**　若 $f(x) \geqslant g(x), x \in [a,b]$,则

$$\int_a^b f(x)\mathrm{d}x \geqslant \int_a^b g(x)\mathrm{d}x;$$

**性质 5**　设 $m \leqslant f(x) \leqslant M, x \in [a,b]$,则

$$m(b-a) \leqslant \int_a^b f(x)\mathrm{d}x \leqslant M(b-a);$$

**性质 6**　$\displaystyle|\int_a^b f(x)\mathrm{d}x| \leqslant \int_a^b |f(x)|\,\mathrm{d}x$;

**性质 7**　(积分中值定理) 设函数 $f(x)$ 在 $[a,b]$ 上连续,则在积分区间 $(a,b)$ 内至少存在一点 $\xi$,使

$$\int_a^b f(x)\mathrm{d}x = f(\xi)(b-a).$$

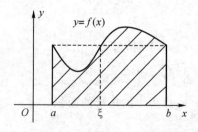

图 4-5

如图 4-5 所示,性质 7 在几何上表示曲边梯形面积等于某个与其同底的以 $f(\xi)$ 为高的矩形面积,我们把 $f(\xi)$ 看成曲边梯形的**平均高度**,也称为 $f(x)$ 在区间 $[a,b]$ 上的**平均值**.

# 第四节　　定积分的计算

## 一、积分上限的函数及其导数

设函数 $f(t)$ 在区间 $[a,b]$ 上连续,则对于这个区间上的任意一点 $x$,函数 $f(t)$ 在区间 $[a,x]$ 上的定积分 $\int_a^x f(t)\mathrm{d}t$ 存在,这个定积分的值与上限 $x$ 有关.对于每一个取定的 $x$,定积分有一个对应的值,从而 $\int_a^x f(t)\mathrm{d}t$ 在 $[a,b]$ 上定义了一个函数,我们称它为 $f(t)$ 的变上限定积分,并记作 $\Phi(x)$,即

$$\Phi(x) = \int_a^x f(t)\mathrm{d}t \ (a \leqslant x \leqslant b).$$

当 $f(t) \geqslant 0$ 时,$\Phi(x)$ 在几何上表示为右侧直边可以移动的曲边梯形的面积(如图 4-6 所示阴影部分).

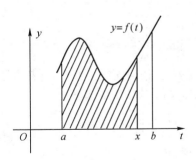

图 4-6

**定理**　　如果函数 $f(x)$ 在区间 $[a,b]$ 上连续,则变上限定积分

$$\Phi(x) = \int_a^x f(t)\,\mathrm{d}t$$

在 $[a,b]$ 上可导,并且

$$\Phi'(x) = \frac{\mathrm{d}}{\mathrm{d}x}\int_a^x f(t)\,\mathrm{d}t = f(x).$$

**证明** 设 $x \in [a,b]$,且 $x + \Delta x \in [a,b]$,由 $\Phi(x)$ 的定义和定积分的性质,有

$$
\begin{aligned}
\Delta\Phi(x) &= \Phi(x + \Delta x) - \Phi(x) \\
&= \int_a^{x+\Delta x} f(t)\,\mathrm{d}t - \int_a^x f(t)\,\mathrm{d}t \\
&= \int_x^{x+\Delta x} f(t)\,\mathrm{d}t.
\end{aligned}
$$

由积分中值定理,得到

$$\Delta\Phi(x) = \int_x^{x+\Delta x} f(t)\,\mathrm{d}t = f(c)\Delta x,$$

其中,$c$ 在 $x$ 和 $x + \Delta x$ 之间. 上式两端同时除以 $\Delta x$,得到

$$\frac{\Delta\Phi(x)}{\Delta x} = f(c).$$

令 $\Delta x \to 0$ 时,则 $c \to x$. 由 $f(x)$ 的连续性,知

$$\lim_{\Delta x \to 0} f(c) = \lim_{c \to x} f(c) = f(x),$$

即

$$\Phi'(x) = \lim_{\Delta x \to 0} \frac{\Delta\Phi(x)}{\Delta x} = f(x).$$

因此上述定理表明,任何连续函数 $f(x)$ 都有原函数,且 $f(x)$ 的变上限定积分就是 $f(x)$ 的一个原函数.

**例 4-17** 求导数 $\dfrac{\mathrm{d}}{\mathrm{d}x}\displaystyle\int_0^x \sqrt{1+t}\,\mathrm{d}t.$

**解** 根据定理,知

$$\frac{\mathrm{d}}{\mathrm{d}x}\int_0^x \sqrt{1+t}\,\mathrm{d}t = \sqrt{1+x}.$$

**例 4-18**　求导数 $\dfrac{\mathrm{d}}{\mathrm{d}x}\displaystyle\int_x^1 \sin(1-t)\mathrm{d}t$.

**解**　根据定理,知

$$\frac{\mathrm{d}}{\mathrm{d}x}\int_x^1 \sin(1-t)\mathrm{d}t = -\frac{\mathrm{d}}{\mathrm{d}x}\int_1^x \sin(1-t)\mathrm{d}t$$

$$= -\sin(1-x).$$

**例 4-19**　求导数 $\dfrac{\mathrm{d}}{\mathrm{d}x}\displaystyle\int_1^{\ln x} \mathrm{e}^t\mathrm{d}t$.

**解**　这里 $\displaystyle\int_1^{\ln x}\mathrm{e}^t\mathrm{d}t$ 是 $\ln x$ 的函数,因而是 $x$ 的复合函数. 令 $u = \ln x$,则

$$\varPhi(u) = \int_1^u \mathrm{e}^t\mathrm{d}t,$$

根据复合函数求导法则,有

$$\frac{\mathrm{d}}{\mathrm{d}x}\int_1^{\ln x}\mathrm{e}^t\mathrm{d}t = \frac{\mathrm{d}}{\mathrm{d}x}\varPhi(u)$$

$$= \frac{\mathrm{d}\varPhi(u)}{\mathrm{d}u}\cdot\frac{\mathrm{d}u}{\mathrm{d}x}$$

$$= \mathrm{e}^u\cdot\frac{1}{x}$$

$$= \mathrm{e}^{\ln x}\cdot\frac{1}{x} = 1.$$

## 二、牛顿 - 莱布尼兹公式

**定理(微积分学基本定理)**　设 $f(x)$ 在区间 $[a,b]$ 上连续,$F(x)$ 是 $f(x)$ 的一个原函数,则

$$\int_a^b f(x)\mathrm{d}x = F(b) - F(a). \tag{4-1}$$

**证明**　已知 $F(x)$ 是 $f(x)$ 的一个原函数,又由原函数存在定理知,$\varPhi(x) = \displaystyle\int_a^x f(t)\mathrm{d}t$ 也是 $f(x)$ 的一个原函数. 因此这两个原函数相差一个常数 $C$,即

$$F(x) = \varPhi(x) + C = \int_a^x f(t)\mathrm{d}t + C,$$

在上式中,令 $x = a$,得

$$F(a) = \int_a^a f(t)\mathrm{d}t + C = 0 + C = C,$$

于是

$$F(x) = \int_a^x f(t)\mathrm{d}t + F(a),$$

再令 $x = b$,得

$$F(b) = \int_a^b f(t)\mathrm{d}t + F(a),$$

即

$$\int_a^b f(x)\mathrm{d}x = F(b) - F(a).$$

为了方面起见,常用记号 $F(x)\Big|_a^b$ 表示 $F(b) - F(a)$,于是(4-1)式又可以写成

$$\int_a^b f(x)\mathrm{d}x = F(x)\Big|_a^b.$$

公式(4-1)称为**牛顿 - 莱布尼兹(Newton-Leibniz)公式**.这个公式将定积分的计算与不定积分相联系,提供了计算定积分的一个有效而简便的方法.

**例 4-20**　求定积分 $\int_0^{\frac{\pi}{2}} \sin x\mathrm{d}x$.

**解**　由于 $-\cos x$ 是 $\sin x$ 的一个原函数,故根据牛顿 - 莱布尼兹公式,有

$$\int_0^{\frac{\pi}{2}} \sin x\mathrm{d}x = (-\cos x)\Big|_0^{\frac{\pi}{2}} = (-\cos\frac{\pi}{2}) - (-\cos 0) = 1.$$

**例 4-21**　求定积分 $\int_1^{\sqrt{3}} \frac{1}{1+x^2}\mathrm{d}x$.

**解**　由于 $\arctan x$ 是 $\frac{1}{1+x^2}$ 的一个原函数,故根据牛顿 - 莱布尼兹公式,有

$$\int_1^{\sqrt{3}} \frac{1}{1+x^2} \mathrm{d}x = \arctan x \Big|_1^{\sqrt{3}}$$

$$= \arctan\sqrt{3} - \arctan 1$$

$$= \frac{\pi}{3} - \frac{\pi}{4} = \frac{\pi}{12}.$$

**例 4-22**　求定积分 $\int_0^8 (1 + \mathrm{e}^{-\frac{x}{4}}) \mathrm{d}x$.

**解**　$\int_0^8 (1 + \mathrm{e}^{-\frac{x}{4}}) \mathrm{d}x = \int_0^8 \mathrm{d}x + \int_0^8 \mathrm{e}^{-\frac{x}{4}} \mathrm{d}x$

$$= x \Big|_0^8 - 4\int_0^8 \mathrm{e}^{-\frac{x}{4}} \mathrm{d}(-\frac{x}{4})$$

$$= (8 - 0) - 4\mathrm{e}^{-\frac{x}{4}} \Big|_0^8$$

$$= 8 - 4(\mathrm{e}^{-2} - 1) = 12 - 4\mathrm{e}^{-2}.$$

**例 4-23**　求定积分 $\int_{-1}^0 \frac{x}{1+x^4} \mathrm{d}x$

**解**　$\int_{-1}^0 \frac{x}{1+x^4} \mathrm{d}x = \frac{1}{2} \int_{-1}^0 \frac{1}{1+(x^2)^2} \mathrm{d}(x^2)$

$$= \frac{1}{2} \arctan x^2 \Big|_{-1}^0$$

$$= \frac{1}{2}(0 - \frac{\pi}{4}) = -\frac{\pi}{8}.$$

**例 4-24**　求定积分 $\int_0^1 \frac{-x}{\sqrt{9-4x^2}} \mathrm{d}x$.

**解**　$\int_0^1 \frac{-x}{\sqrt{9-4x^2}} \mathrm{d}x = \frac{1}{8} \int_0^1 \frac{1}{\sqrt{9-4x^2}} \mathrm{d}(9-4x^2)$

$$= \frac{1}{4}(9-4x^2)^{\frac{1}{2}} \Big|_0^1$$

$$= \frac{\sqrt{5}-3}{4}.$$

**例 4-25**　设 $f(x) = \begin{cases} x, & 0 \leqslant x < 1, \\ \sin \pi x, & 1 \leqslant x \leqslant 2, \end{cases}$ 求定积分 $\int_{\frac{1}{2}}^2 f(x)\mathrm{d}x$.

**解**　$\int_{\frac{1}{2}}^{2} f(x)\,dx = \int_{\frac{1}{2}}^{1} f(x)\,dx + \int_{1}^{2} f(x)\,dx$

$$= \int_{\frac{1}{2}}^{1} x\,dx + \int_{1}^{2} \sin\pi x\,dx$$

$$= \frac{1}{2}x^2 \Big|_{\frac{1}{2}}^{1} + \frac{1}{\pi}\int_{1}^{2} \sin\pi x\,d(\pi x)$$

$$= \frac{1}{2}\left(1 - \frac{1}{4}\right) + \frac{1}{\pi}(-\cos\pi x)\Big|_{1}^{2}$$

$$= \frac{3}{8} - \frac{2}{\pi}.$$

**例 4-26**　求定积分 $\int_{0}^{3} |x-1|\,dx$.

**解**　由于 $f(x) = \begin{cases} 1-x, & 0 < x \leqslant 1, \\ x-1, & 1 < x < 3, \end{cases}$ 故根据定积分性质,有

$$\int_{0}^{3} |x-1|\,dx = \int_{0}^{1} (1-x)\,dx + \int_{1}^{3} (x-1)\,dx$$

$$= -\int_{0}^{1} (1-x)\,d(1-x) + \int_{1}^{3} (x-1)\,d(x-1)$$

$$= -\frac{1}{2}(1-x)^2 \Big|_{0}^{1} + \frac{1}{2}(x-1)^2 \Big|_{1}^{3}$$

$$= -\frac{1}{2}(0-1) + \frac{1}{2}(4-0) = 2\frac{1}{2}.$$

## 第五节　定积分的应用

本节介绍定积分在几何和经济上的一些应用.

**一、求平面图形的面积**

若平面图形是由非负连续曲线 $y = f(x)$,直线 $x = a$,$x = b$ $(a < b)$ 和 $x$ 轴围成,则其面积为

$$S = \int_{a}^{b} f(x)\,dx.$$

**例 4-27** 求由曲线 $y = \sin\dfrac{x}{2}(0 \leqslant x \leqslant \pi)$ 与直线 $x = \pi$ 及 $x$ 轴所围成的图形(如图 4-7 所示)的面积 $S$.

**解** 当 $0 \leqslant x \leqslant \pi$ 时,$y \geqslant 0$, 因此

$$S = \int_0^\pi \sin\frac{x}{2}\mathrm{d}x = 2\int_0^\pi \sin\frac{x}{2}\mathrm{d}\frac{x}{2}$$

$$= 2\left(-\cos\frac{x}{2}\right)\Big|_0^\pi = 2.$$

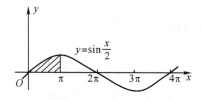

图 4-7

如果平面图形是由连续曲线 $y = f(x), y = g(x)$ $(g(x) \leqslant f(x))$,直线 $x = a$ 和 $x = b$ $(a < b)$ 围成,则其面积为

$$S = \int_a^b \big[f(x) - g(x)\big]\mathrm{d}x.$$

**例 4-28** 求由曲线 $y = \sin x, y = \cos x$,直线 $x = \dfrac{\pi}{4}$ 及 $x = \dfrac{\pi}{2}$ 所围成的图形(如图 4-8 所示)的面积 $S$.

**解** 当 $\dfrac{\pi}{4} \leqslant x \leqslant \dfrac{\pi}{2}$ 时,$\sin x \geqslant \cos x$,因此

$$S = \int_{\frac{\pi}{4}}^{\frac{\pi}{2}} (\sin x - \cos x)\mathrm{d}x$$

$$= (-\cos x - \sin x)\Big|_{\frac{\pi}{4}}^{\frac{\pi}{2}} = \sqrt{2} - 1.$$

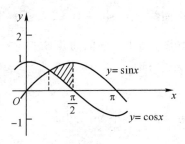

图 4-8

**例4-29**　求由曲线 $y=\sqrt{x}-2$，直线 $x=1$ 及 $x$ 轴所围图形（如图 4-9）的面积 $S$.

**解**　$y=\sqrt{x}-2$ 与 $x=1$ 的交点为 $(1,-1)$，与 $x$ 轴的交点为 $(4,0)$. 当 $1<x<4$ 时，$\sqrt{x}-2<0$. 因此

$$S=-\int_{1}^{4}(\sqrt{x}-2)\mathrm{d}x$$

$$=-\left(\frac{2}{3}x^{\frac{3}{2}}-2x\right)\Big|_{1}^{4}=\frac{4}{3}.$$

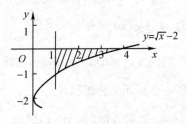

图 4-9

**例4-30**　求由直线 $y=x+2$，曲线 $y=x^2$ 所围图形（如图 4-10 所示）的面积 $S$.

**解**　为了确定图形所在范围，先求出所给曲线的交点. 解方程组

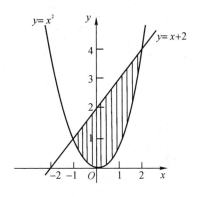

图 4-10

$$\begin{cases} y = x^2, \\ y = x + 2, \end{cases}$$

得交点坐标为 $(-1,1)$，$(2,4)$，则所求图形的面积为

$$S = \int_{-1}^{2} (x+2) \mathrm{d}x - \int_{-1}^{2} x^2 \mathrm{d}x$$

$$= \left( \frac{1}{2}x^2 + 2x \right)\Big|_{-1}^{2} - \frac{1}{3}x^3 \Big|_{-1}^{2} = 4\frac{1}{2}.$$

**例 4-31**  求由直线 $y = x - 4$，曲线 $y = \sqrt{2x}$ 以及 $x$ 轴所围图形（如图 4-11 所示）的面积 $S$.

**解**  为了确定图形所在范围，先求出所给曲线的交点. 解方程组

$$\begin{cases} y = \sqrt{2x}, \\ y = x - 4, \end{cases}$$

得交点坐标为 $(8,4)$. 直线 $y = x - 4$ 与 $x$ 轴的交点为 $(4,0)$.

若将曲边三角形 $AOC$、$ACD$ 的面积分别记为 $S_1$ 和 $S_2$，则所求图形的面积为

$$S = S_1 + S_2$$

$$= \int_0^4 \sqrt{2x}\, \mathrm{d}x + \left[ \int_4^8 \sqrt{2x}\, \mathrm{d}x - \int_4^8 (x-4)\, \mathrm{d}x \right]$$

$$= \frac{2\sqrt{2}}{3} x^{\frac{3}{2}} \Big|_0^4 + \frac{2\sqrt{2}}{3} x^{\frac{3}{2}} \Big|_4^8 - \frac{1}{2}(x-4)^2 \Big|_4^8$$

$$= \frac{40}{3}.$$

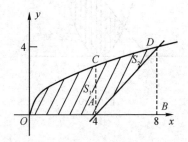

图 4-11

### 二、求国民收入分配的基尼系数

基尼系数（Gini Coefficient）是意大利经济学家基尼于 1922 年提出的，可用于判断社会收入分配的平均程度. 2011 年，中国农村居民的基尼系数是 0.3897.

如图 4-12 所示，横轴 $OP$ 表示不同收入水平者由低到高人口份额累计百分比，纵轴 $OI$ 表示不同收入水平者由低到高的收入份额累计百分比. $OY$ 称为绝对平均线，在这条线上，占总人口中一定百分比的人口所拥有的收入在总收入中也占相同的百分比，表明收入分配完全平等. 折线 $OPY$ 称为绝对不平均线，全部收入集中在最后一个人手中，表明

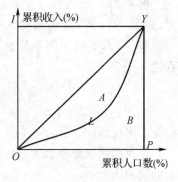

图 4-12

收入分配的极端不平等. 介于两线之间的实际收入分配曲线 $L$ 就是**洛伦茨曲线**, 曲线方程为 $I = L(P)$. 洛伦茨曲线 $L$ 越接近绝对平均线 $OY$, 社会收入分配越平均, 贫富差距越小; 反之, 洛伦茨曲线 $L$ 越接近绝对不平均线 $OPY$, 社会收入分配越不平均, 贫富差距越大.

设洛伦茨曲线 $L$ 和绝对平均曲线 $OY$ 所围的面积为 $A$, $L$ 与绝对不平均线 $OPY$ 所围的面积为 $B$, 则称

$$G = \frac{A}{A + B}$$

为**基尼系数或洛伦茨系数**. 若 $A = 0$, 基尼系数为 0, 表示收入分配完全平等; 若 $B = 0$, 基尼系数为 1, 表示收入分配绝对不平等. 基尼系数的取值在 0 到 1 之间. 收入分配越趋向平等(不平等), 洛伦茨曲线弧度越小(大), 基尼系数越小(大), 贫富差距越小(大).

若点 $P = P_0$ 时, $L'(P_0) = 1$, 则

$$\frac{\Delta I}{\Delta P} = \frac{L(P_0 + \Delta P) - L(P_0)}{\Delta P} \approx 1,$$

即

$$\Delta I \approx \Delta P,$$

这说明在点 $(P_0, L(P_0))$ 处, 人口累计增加 $b\%$ 时, 社会收入累计也增加 $b\%$, 说明处在此位置上的收入恰好是社会平均收入. 当 $P < P_0$ 时, $\Delta I < \Delta P$, 说明此时的收入在社会平均收入之下. 因此约有 $100P_0\%$ 的人收入在平均水平之下.

**例 4-32** 设洛伦茨曲线方程为 $L(P) = P^2$, 求基尼系数, 并说明有多少人的收入在社会平均收入之下.

**解** 由定积分在几何上的应用知

$$B = \int_0^1 P^2 \, \mathrm{d}P = \frac{1}{3} P^3 \Big|_0^1 = \frac{1}{3},$$

因此, 基尼系数

$$G = \frac{A}{A + B} = \frac{\dfrac{1}{2} - \dfrac{1}{3}}{\dfrac{1}{2}} = \frac{1}{3}.$$

令 $L'(P) = 2P = 1$，得 $P = 0.5$，说明有 $50\%$ 的人收入在平均水平之下.

# 习 题 四

1. 设一曲线通过点 $(1,2)$，并且在曲线上的每一点处的切线的斜率都是 $2x$，求此曲线方程.

2. 求下列不定积分：

(1) $\int \dfrac{1}{x^2} \mathrm{d}x$；

(2) $\int x^2 \sqrt[3]{x}\, \mathrm{d}x$；

(3) $\int \dfrac{1}{\sqrt{x}} \mathrm{d}x$；

(4) $\int \dfrac{1 + x^2}{\sqrt{x}} \mathrm{d}x$；

(5) $\int 6x^4 \mathrm{d}x$；

(6) $\int (2^x + 3^x) \mathrm{d}x$；

(7) $\int \mathrm{e}^x (\mathrm{e}^{-x} + 1) \mathrm{d}x$；

(8) $\int \dfrac{2x^2}{1 + x^2} \mathrm{d}x$；

(9) $\int \sin^2 \dfrac{x}{2} \mathrm{d}x$；

(10) $\int \dfrac{4}{x} \mathrm{d}x$；

(11) $\int 3^x \mathrm{e}^x \mathrm{d}x$；

(12) $\int \dfrac{\mathrm{e}^{2x} - 1}{\mathrm{e}^x + 1} \mathrm{d}x$；

(13) $\int \tan^2 x \mathrm{d}x$；

(14) $\int \dfrac{1}{\sin^2 \dfrac{x}{2} \cos^2 \dfrac{x}{2}} \mathrm{d}x$.

3. 在下列各式等号右端的空白处填入适当的系数，使等式成立：

(1) $\mathrm{d}x = \underline{\quad} \mathrm{d}(ax)$；

(2) $\mathrm{d}x = \underline{\quad} \mathrm{d}(6x + 5)$；

(3) $\mathrm{d}x = \underline{\quad} \mathrm{d}(-2x - 3)$；

(4) $x \mathrm{d}x = \underline{\quad} \mathrm{d}(x^2)$；

(5) $x^2 \mathrm{d}x = \underline{\quad} \mathrm{d}(-x^3)$；

(6) $\mathrm{e}^{-x} \mathrm{d}x = \underline{\quad} \mathrm{d}(\mathrm{e}^{-x})$；

(7) $\cos 2x \, \mathrm{d}x = \underline{\quad} \mathrm{d}(\sin 2x)$; (8) $\dfrac{1}{9+x^2} \mathrm{d}x = \underline{\quad} \mathrm{d}(\arctan \dfrac{x}{3})$.

4. 求下列不定积分:

(1) $\displaystyle\int (3-5x)^2 \, \mathrm{d}x$;

(2) $\displaystyle\int \dfrac{1}{\sqrt{2-3x}} \mathrm{d}x$;

(3) $\displaystyle\int \mathrm{e}^{5x} \, \mathrm{d}x$;

(4) $\displaystyle\int \sin(6x+3) \mathrm{d}x$;

(5) $\displaystyle\int \dfrac{x}{1+x^2} \mathrm{d}x$;

(6) $\displaystyle\int \dfrac{\sin\sqrt{x}}{\sqrt{x}} \mathrm{d}x$;

(7) $\displaystyle\int \dfrac{\mathrm{e}^x}{\mathrm{e}^{2x}+1} \mathrm{d}x$;

(8) $\displaystyle\int x(x^2+1)^6 \, \mathrm{d}x$;

(9) $\displaystyle\int \dfrac{\ln^3 x}{x} \mathrm{d}x$;

(10) $\displaystyle\int \dfrac{1}{1+4x^2} \mathrm{d}x$;

(11) $\displaystyle\int \dfrac{2x-3}{x^2-3x+5} \mathrm{d}x$;

(12) $\displaystyle\int \dfrac{1}{x^2-3x-4} \mathrm{d}x$;

(13) $\displaystyle\int \dfrac{1}{x^2+2x+4} \mathrm{d}x$;

(14) $\displaystyle\int \cos^2 x \, \mathrm{d}x$;

(15) $\displaystyle\int \dfrac{1}{\sqrt{4-9x^2}} \mathrm{d}x$;

(16) $\displaystyle\int \cos^3 x \, \mathrm{d}x$;

(17) $\displaystyle\int \dfrac{1}{(\arcsin x)^2 \sqrt{1-x^2}} \mathrm{d}x$;

(18) $\displaystyle\int \dfrac{1}{\cos^2 x \sqrt{\tan x}} \mathrm{d}x$;

(19) $\displaystyle\int \cot x \, \mathrm{d}x$;

(20) $\displaystyle\int \sec^4 x \, \mathrm{d}x$.

5. 判断下列定积分的符号:

(1) $\displaystyle\int_{-1}^{0} \cos x^2 \, \mathrm{d}x$;

(2) $\displaystyle\int_{-1}^{0} \sin x^3 \, \mathrm{d}x$;

(3) $\displaystyle\int_{0}^{\pi} \mathrm{e}^{-x^2} \, \mathrm{d}x$;

(4) $\displaystyle\int_{1}^{\mathrm{e}} \ln x \, \mathrm{d}x$.

6. 比较下列各对定积分的大小:

(1) $\displaystyle\int_{1}^{2} \ln x \, \mathrm{d}x$ 和 $\displaystyle\int_{1}^{2} \ln^2 x \, \mathrm{d}x$;

(2) $\int_3^4 \ln x \mathrm{d}x$ 和 $\int_3^4 \ln^2 x \mathrm{d}x$.

7.计算下列各导数：

(1) $\dfrac{\mathrm{d}}{\mathrm{d}x}\displaystyle\int_0^x \sin^2 t \mathrm{d}t$;

(2) $\dfrac{\mathrm{d}}{\mathrm{d}x}\displaystyle\int_x^{-1} \ln(1+t^2)\mathrm{d}t$;

(3) $\dfrac{\mathrm{d}}{\mathrm{d}x}\displaystyle\int_0^{x^2} \sqrt{1+t^2}\,\mathrm{d}t$;

(4) $\dfrac{\mathrm{d}}{\mathrm{d}x}\displaystyle\int_x^{x^2} \dfrac{1}{\sqrt{1+t^4}}\mathrm{d}t$.

8.求函数 $y = 2x^2 + 3x + 3$ 在区间 $[1,4]$ 上的平均值.

9.计算下列定积分：

(1) $\displaystyle\int_1^2 \left(x^2 + \dfrac{1}{x^4}\right)\mathrm{d}x$;

(2) $\displaystyle\int_4^9 \sqrt{x}(1+\sqrt{x})\mathrm{d}x$;

(3) $\displaystyle\int_0^1 \dfrac{1}{1+x}\mathrm{d}x$;

(4) $\displaystyle\int_{-1}^0 \dfrac{3x^4+3x^2+1}{x^2+1}\mathrm{d}x$;

(5) $\displaystyle\int_3^1 \dfrac{1}{\sqrt{x}(1+x)}\mathrm{d}x$;

(6) $\displaystyle\int_0^1 \dfrac{1}{\sqrt{4-x^2}}\mathrm{d}x$;

(7) $\displaystyle\int_0^1 \dfrac{1}{4x^2-9}\mathrm{d}x$;

(8) $\displaystyle\int_0^{\frac{\pi}{2}} \sin x\cos x\mathrm{d}x$;

(9) $\displaystyle\int_{\frac{\pi}{6}}^{\frac{\pi}{3}} \tan x\sec^2 x\mathrm{d}x$;

(10) $\displaystyle\int_0^{\frac{\pi}{4}} \tan^2\theta\mathrm{d}\theta$;

(11) $\displaystyle\int_0^2 f(x)\mathrm{d}x$,其中 $f(x) = \begin{cases} x+1, & x \leqslant 1, \\ \dfrac{1}{2}x^2, & x > 1; \end{cases}$

(12) $\displaystyle\int_0^2 f(x)\mathrm{d}x$,其中 $f(x) = \begin{cases} x^2, & -1 \leqslant x \leqslant 1, \\ \mathrm{e}^{-x}, & 1 < x < 2. \end{cases}$

10.求由曲线 $y = \mathrm{e}^x$,直线 $x = 1$ 及 $x$ 轴、$y$ 轴所围成的图形的面积 $S$.

11.求由曲线 $y = x^3$,直线 $x = -1, x = \dfrac{1}{2}$ 及 $x$ 轴所围成的图形的面积 $S$.

12.求由曲线 $y = x^2, y^2 = x$ 所围成的图形的面积 $S$.

13.求由曲线 $y = 9 - x^2, y = x + 7$ 所围成的图形的面积 $S$.

14.设洛伦茨曲线方程为 $L(P) = P^{\frac{5}{3}}$,求基尼系数,并说明有多少人的收入在社会平均收入之下.

# 第二部分　线性代数初步

　　线性代数是研究线性方程组而建立起来的一种数学工具,发展到今天,它在数学的许多分支中都有着非常广泛的应用.本部分简单介绍线性代数中有关行列式、矩阵和线性方程组的基本知识.

# 第五章　行　列　式

## 第一节　行列式的定义

### 一、二阶和三阶行列式

行列式概念源于解线性方程组.

考察含有两个未知数 $x_1$，$x_2$ 的方程组

$$\begin{cases} a_{11}x_1 + a_{12}x_2 = b_1, \\ a_{21}x_1 + a_{22}x_2 = b_2, \end{cases} \tag{5-1}$$

其中，$b_1$，$b_2$ 称为方程组的常数项，$a_{ij}(i=1,2;j=1,2)$ 称为 $x_j(j=1,2)$ 的系数. 为求方程(5-1)的解，可以用消元法：首先以 $a_{22}$ 乘第一个方程两边，以 $a_{12}$ 乘第二个方程两边，然后两式相减，消去 $x_2$，得

$$(a_{11}a_{22} - a_{12}a_{21})x_1 = b_1a_{22} - a_{12}b_2,$$

用类似方法消去 $x_1$，得

$$(a_{11}a_{22} - a_{12}a_{21})x_2 = a_{11}b_2 - b_1a_{21},$$

当 $a_{11}a_{22} - a_{12}a_{21} \neq 0$ 时，求得上述方程组的解为

$$\begin{cases} x_1 = \dfrac{b_1a_{22} - a_{12}b_2}{a_{11}a_{22} - a_{12}a_{21}}, \\ x_2 = \dfrac{a_{11}b_2 - b_1a_{21}}{a_{11}a_{22} - a_{12}a_{21}}. \end{cases}$$

为了便于表达上述结果，引进记号

$$D = \begin{vmatrix} a_{11} & a_{12} \\ a_{21} & a_{22} \end{vmatrix},$$

并规定

$$\begin{vmatrix} a_{11} & a_{12} \\ a_{21} & a_{22} \end{vmatrix} = a_{11}a_{22} - a_{12}a_{21}, \tag{5-2}$$

称 $D$ 为**二阶行列式**，横排称为**行**，竖排称为**列**，$a_{ij}(i=1,2;j=1,2)$ 称为行列式 $D$ 中的元素，其第一个下标 $i$ 称为**行标**，表明该元素位于第 $i$ 行，第二个下标 $j$ 称为**列标**，表明该元素位于第 $j$ 列．$D$ 中从左上角到右下角连线上的元素（$a_{11}$ 及 $a_{22}$）称为**主对角线上的元素**，从右上角到左下角连线上的元素（$a_{12}$ 及 $a_{21}$）称为**次对角线上的元素**．由(5-2)式可知，二阶行列式表示了一个数，它的值等于主对角线上元素乘积与次对角线上元素乘积之差．

利用二阶行列式概念，可分别记

$$D_1 = \begin{vmatrix} b_1 & a_{12} \\ b_2 & a_{22} \end{vmatrix} = b_1 a_{22} - a_{12}b_2,$$

$$D_2 = \begin{vmatrix} a_{11} & b_1 \\ a_{21} & b_2 \end{vmatrix} = a_{11}b_2 - b_1 a_{21},$$

（其中 $D_1$ 可看作是将 $D$ 中的第一列元素分别置换成常数项 $b_1,b_2$，$D_2$ 可看作是将 $D$ 中的第二列元素分别置换成常数项 $b_1,b_2$），则当 $D \neq 0$ 时，得到方程组(5-1)的公式解为

$$x_1 = \frac{D_1}{D}, \quad x_2 = \frac{D_2}{D}.$$

类似地，为了便于表示三元一次方程组

$$\begin{cases} a_{11}x_1 + a_{12}x_2 + a_{13}x_3 = b_1, \\ a_{21}x_1 + a_{22}x_2 + a_{23}x_3 = b_2, \\ a_{31}x_1 + a_{32}x_2 + a_{33}x_3 = b_3 \end{cases} \tag{5-3}$$

的解，引进记号

$$D = \begin{vmatrix} a_{11} & a_{12} & a_{13} \\ a_{21} & a_{22} & a_{23} \\ a_{31} & a_{32} & a_{33} \end{vmatrix},$$

称为**三阶行列式**，并规定

$$\begin{vmatrix} a_{11} & a_{12} & a_{13} \\ a_{21} & a_{22} & a_{23} \\ a_{31} & a_{32} & a_{33} \end{vmatrix} = a_{11}a_{22}a_{33} + a_{12}a_{23}a_{31} + a_{13}a_{21}a_{32}$$

$$-a_{11}a_{23}a_{32} - a_{12}a_{21}a_{33} - a_{13}a_{22}a_{31} \quad (5\text{-}4)$$

从(5-4)式知三阶行列式是六项的代数和,每一项是取自不同行不同列的三个元素的乘积.(5-4)式也称为三阶行列式按对角线法展开的计算公式,其规律如图 5-1 所示,其中,各实线(平行于主对角线的连线)连接的三个元素的乘积是代数和的正项,各虚线(平行于次对角线的连线)连接的三个元素的乘积是代数和的负项.

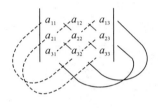

图 5-1

利用三阶行列式的概念,当方程组(5-3)的系数行列式 $D \neq 0$ 时,通过消元法可以证明,其解也可以表示为

$$x_1 = \frac{D_1}{D}, \quad x_2 = \frac{D_2}{D}, \quad x_3 = \frac{D_3}{D}, \quad (5\text{-}5)$$

其中,$D_1, D_2, D_3$ 是将方程组(5-3)中的系数行列式 $D$ 的第一、二、三列分别换成常数列得到的三阶行列式.

**例 5-1** 用对角线法计算下列行列式:

$$(1)\ D = \begin{vmatrix} 2 & -1 & 2 \\ -4 & 3 & 1 \\ 2 & 3 & 5 \end{vmatrix}; \qquad (2)\ D = \begin{vmatrix} a & x & y \\ 0 & b & z \\ 0 & 0 & c \end{vmatrix}.$$

**解** (1) $D = 2 \times 3 \times 5 + (-1) \times 1 \times 2 + 2 \times (-4) \times 3$

$$-2 \times 1 \times 3 - (-1) \times (-4) \times 5 - 2 \times 3 \times 2$$

$$= -34;$$

（2）$D=abc+0+0-0-0-0=abc.$

例 5-1(2)中这样主对角线下侧的元素全为零的行列式称为**上三角行列式**，而主角线上侧的元素全为零的行列式则称为**下三角行列式**，上三角行列式及下三角行列式统称为**三角行列式**. 易知，三阶上三角行列式的值等于主对角线上元素之积.

**例 5-2**　解三元一次方程组

$$\begin{cases} 3x_1-x_2+x_3=-1, \\ x_1+x_2+x_3=1, \\ 2x_1-x_2-x_3=2. \end{cases}$$

**解**　利用(5-5)，

$$D=\begin{vmatrix} 3 & -1 & 1 \\ 1 & 1 & 1 \\ 2 & -1 & -1 \end{vmatrix}=-6,$$

$$D_1=\begin{vmatrix} -1 & -1 & 1 \\ 1 & 1 & 1 \\ 2 & -1 & -1 \end{vmatrix}=-6,$$

$$D_2=\begin{vmatrix} 3 & -1 & 1 \\ 1 & 1 & 1 \\ 2 & 2 & -1 \end{vmatrix}=-12,$$

$$D_3=\begin{vmatrix} 3 & -1 & -1 \\ 1 & 1 & 1 \\ 2 & -1 & 2 \end{vmatrix}=12,$$

所以方程组的解为

$$x_1=\frac{D_1}{D}=1,\quad x_2=\frac{D_2}{D}=2,\quad x_3=\frac{D_3}{D}=-2.$$

**二、$n$ 阶行列式**

类似于二元、三元线性方程组解的表达式问题，为了讨论 $n$ 元方程组解的表达式，我们引进 $n$ 阶行列式的概念.

为了给出 $n$ 阶行列式的定义，先观察三阶行列式与二阶行列式

之间的关系. 三阶行列式可改写为:

$$\begin{vmatrix} a_{11} & a_{12} & a_{13} \\ a_{21} & a_{22} & a_{23} \\ a_{31} & a_{32} & a_{33} \end{vmatrix} = a_{11}(a_{22}a_{33}-a_{23}a_{32})-a_{12}(a_{21}a_{33}-a_{23}a_{31})$$

$$+a_{13}(a_{21}a_{32}-a_{22}a_{31})$$

$$= a_{11}\begin{vmatrix} a_{22} & a_{23} \\ a_{32} & a_{33} \end{vmatrix} - a_{12}\begin{vmatrix} a_{21} & a_{23} \\ a_{31} & a_{33} \end{vmatrix} + a_{13}\begin{vmatrix} a_{21} & a_{22} \\ a_{31} & a_{32} \end{vmatrix},$$

其中,$\begin{vmatrix} a_{22} & a_{23} \\ a_{32} & a_{33} \end{vmatrix}$ 是原三阶行列式中划去元素 $a_{11}$ 所在的第一行和第

一列后剩下的元素按原来顺序组成的二阶行列式,称之为元素 $a_{11}$ 的

余子式,记作 $M_{11}$,即

$$M_{11} = \begin{vmatrix} a_{22} & a_{23} \\ a_{32} & a_{33} \end{vmatrix}.$$

类似地,记

$$M_{12} = \begin{vmatrix} a_{21} & a_{23} \\ a_{31} & a_{33} \end{vmatrix}, \qquad M_{13} = \begin{vmatrix} a_{21} & a_{22} \\ a_{31} & a_{32} \end{vmatrix},$$

并令 $A_{ij} = (-1)^{i+j}M_{ij}(i=1,2,3; j=1,2,3)$,称为元素 $a_{ij}$ 的**代数余子式**.

因此,三阶行列式也可定义为

$$D = \begin{vmatrix} a_{11} & a_{12} & a_{13} \\ a_{21} & a_{22} & a_{23} \\ a_{31} & a_{32} & a_{33} \end{vmatrix} = a_{11}A_{11} + a_{12}A_{12} + a_{13}A_{13}$$

$$= \sum_{j=1}^{3} a_{1j}A_{1j} \qquad (5\text{-}6)$$

上式说明,一个三阶行列式等于第一行元素与其代数余子式的乘积之和.

式(5-6)也称为三阶行列式**按第一行的展开式**.

当 $n=1$ 时,定义 $|a_{11}| = a_{11}$,则类似地有

$$D=\begin{vmatrix} a_{11} & a_{12} \\ a_{21} & a_{22} \end{vmatrix}=a_{11}A_{11}+a_{12}A_{12},$$

也就是说，一个二阶行列式等于第一行元素与其代数余子式的乘积之和．

更加一般地，对于整数 $n$，设 $n-1$ 阶行列式已定义，我们定义 $n$ 阶行列式为

$$D=\begin{vmatrix} a_{11} & a_{12} & \cdots & a_{1n} \\ a_{21} & a_{22} & \cdots & a_{2n} \\ \vdots & \vdots & & \vdots \\ a_{n1} & a_{n2} & \cdots & a_{nn} \end{vmatrix}=a_{11}A_{11}+a_{12}A_{12}+\cdots+a_{1n}A_{1n}$$

$$=\sum_{j=1}^{n}a_{1j}A_{1j} \tag{5-7}$$

**例 5-3**　按第一行的展开式计算行列式

$$D=\begin{vmatrix} 2 & -1 & 2 \\ -4 & 3 & 1 \\ 2 & 3 & 5 \end{vmatrix}.$$

**解**　$D=2\times(-1)^{1+1}\begin{vmatrix} 3 & 1 \\ 3 & 5 \end{vmatrix}+(-1)\times(-1)^{1+2}\begin{vmatrix} -4 & 1 \\ 2 & 5 \end{vmatrix}$

$$+2\times(-1)^{1+3}\begin{vmatrix} -4 & 3 \\ 2 & 3 \end{vmatrix}=2\times12-22-36=-34$$

**例 5-4**　根据行列式定义计算

$$D=\begin{vmatrix} 0 & -1 & -1 & 2 \\ 1 & -1 & 0 & 2 \\ -1 & 2 & -1 & 0 \\ 2 & 1 & 1 & 0 \end{vmatrix}.$$

**解**

$$D=\sum_{j=1}^{4}a_{1j}A_{1j}=0\times\begin{vmatrix} -1 & 0 & 2 \\ 2 & -1 & 0 \\ 1 & 1 & 0 \end{vmatrix}-(-1)\times\begin{vmatrix} 1 & 0 & 2 \\ -1 & -1 & 0 \\ 2 & 1 & 0 \end{vmatrix}$$

$$+(-1)\times\begin{vmatrix}1 & -1 & 2\\ -1 & 2 & 0\\ 2 & 1 & 0\end{vmatrix}-2\times\begin{vmatrix}1 & -1 & 0\\ -1 & 2 & -1\\ 2 & 1 & 1\end{vmatrix}$$

$$=0+2+10-8=4.$$

**例 5-5** 根据行列式定义计算

$$D=\begin{vmatrix}5 & 0 & 0 & 0\\ 4 & 4 & 0 & 0\\ 3 & 3 & 3 & 0\\ 2 & 2 & 2 & 2\end{vmatrix}.$$

**解** （1）由定义，

$$D=5\times A_{11}+0\times A_{12}+0\times A_{13}+0\times A_{14}$$

$$=5\times\begin{vmatrix}4 & 0 & 0\\ 3 & 3 & 0\\ 2 & 2 & 2\end{vmatrix}=5\times4\times\begin{vmatrix}3 & 0\\ 2 & 2\end{vmatrix}=5\times4\times3\times2=120.$$

例 5-5 显示，与三阶三角行列式类似，四阶下三角行列式的值也等于主对角线元素之乘积．一般地，由定义不难证明，$n$ 阶下三角行列式的值等于主对角线元素之乘积，即

$$\begin{vmatrix}a_{11} & 0 & \cdots & 0\\ a_{21} & a_{22} & \cdots & 0\\ \vdots & \vdots & & 0\\ a_{n1} & a_{n2} & \cdots & a_{nn}\end{vmatrix}=a_{11}a_{22}\cdots a_{nn}.$$

同理，$n$ 阶上三角行列式的值也等于主对角线元素之乘积，即

$$\begin{vmatrix}a_{11} & a_{12} & \cdots & a_{1n}\\ 0 & a_{22} & \cdots & a_{2n}\\ \vdots & \vdots & & \vdots\\ 0 & 0 & \cdots & a_{nn}\end{vmatrix}=a_{11}a_{22}\cdots a_{nn}.$$

# 第二节　行列式的性质与计算

## 一、行列式的性质

为了便于行列式的计算，本节不加证明地给出行列式的几个性质，并利用二阶或三阶行列式给予说明和验证.

**定义**　行列式 $D$ 的行与列按原来的顺序互换后得到的行列式，称为 $D$ 的**转置行列式**，记为 $D'$ 或 $D^{\mathrm{T}}$.

例如，若 $D = \begin{vmatrix} 1 & 2 & 3 \\ 4 & 5 & 6 \\ 7 & 8 & 9 \end{vmatrix}$，则 $D^{\mathrm{T}} = \begin{vmatrix} 1 & 4 & 7 \\ 2 & 5 & 8 \\ 3 & 6 & 9 \end{vmatrix}$.

**性质 1**　行列式 $D$ 与它的转置行列式 $D^{\mathrm{T}}$ 相等，即 $D = D^{\mathrm{T}}$.

例如，$\begin{vmatrix} a & b \\ c & d \end{vmatrix} = ad - bc$，而 $\begin{vmatrix} a & c \\ b & d \end{vmatrix} = ad - bc$，可见

$$\begin{vmatrix} a & b \\ c & d \end{vmatrix} = \begin{vmatrix} a & c \\ b & d \end{vmatrix}.$$

性质 1 表明，在行列式中行与列所处的地位是一样的，所以凡是对行成立的性质，对列也同样成立，反之亦然.

**性质 2**　交换行列式的任意两行（或两列）的位置，行列式仅改变符号.

例如，$D = \begin{vmatrix} a & b \\ c & d \end{vmatrix} = ad - bc$，而 $\begin{vmatrix} c & d \\ a & b \end{vmatrix} = bc - ad = -D$.

**推论**　若行列式中有两行（或两列）元素对应相等，则行列式等于零.

例如，三阶行列式

$$D = \begin{vmatrix} a_1 & a_2 & a_3 \\ b_1 & b_2 & b_3 \\ a_1 & a_2 & a_3 \end{vmatrix} \xrightarrow[\text{与第三行}]{\text{交换第一行}} -\begin{vmatrix} a_1 & a_2 & a_3 \\ b_1 & b_2 & b_3 \\ a_1 & a_2 & a_3 \end{vmatrix} = -D$$

得　　　$2D=0$,

故　　　$D=0$.

**性质3**　用数 $k$ 乘行列式的某一行(或一列),等于以数 $k$ 乘此行列式.

例如,

$$\begin{vmatrix} a_1 & a_2 & a_3 \\ b_1 & b_2 & b_3 \\ kc_1 & kc_2 & kc_3 \end{vmatrix} = k \begin{vmatrix} a_1 & a_2 & a_3 \\ b_1 & b_2 & b_3 \\ c_1 & c_2 & c_3 \end{vmatrix}.$$

性质3表明,在行列式中某一行(或列)有公因子时,可以将公因子提到行列式的记号外面去.

由性质3不难得到如下推论:

**推论1**　若行列式的某行(列)元素为零,则行列式等于零.

**推论2**　若行列式中有两行(两列)元素对应成比例,则行列式等于零.

**性质4**　把行列式的某一行(列)的所有元素都乘以一个数 $k$ 后,加到另一行(列)的对应元素上去,行列式的值不变.

例如,

$$\begin{vmatrix} a_1 & a_2 & a_3 \\ b_1 & b_2 & b_3 \\ c_1 & c_2 & c_3 \end{vmatrix} = \begin{vmatrix} a_1+kc_1 & a_2+kc_2 & a_3+kc_3 \\ b_1 & b_2 & b_3 \\ c_1 & c_2 & c_3 \end{vmatrix}.$$

在进行行列式计算时,常用此性质将行列式某些位置的元素化为零,从而简化计算.

**性质5**　行列式等于它的任一行(列)各元素与其代数余子式的乘积之和,即

$$D = \begin{vmatrix} a_{11} & a_{12} & \cdots & a_{1n} \\ a_{21} & a_{22} & \cdots & a_{2n} \\ \vdots & \vdots & & \vdots \\ a_{n1} & a_{n2} & \cdots & a_{nn} \end{vmatrix} = a_{i1}A_{i1} + a_{i2}A_{i2} + \cdots + a_{in}A_{in}$$

$$= \sum_{j=1}^{n} a_{ij}A_{ij}, \quad i=1,2,\cdots,n,$$

或

$$D = \begin{vmatrix} a_{11} & a_{12} & \cdots & a_{1n} \\ a_{21} & a_{22} & \cdots & a_{2n} \\ \vdots & \vdots & & \vdots \\ a_{n1} & a_{n2} & \cdots & a_{nn} \end{vmatrix} = a_{1j}A_{1j} + a_{2j}A_{2j} + \cdots + a_{nj}A_{nj}$$

$$= \sum_{i=1}^{n} a_{ij}A_{ij}, \quad j=1,2,\cdots,n.$$

性质 5 称为行列式的**按行（列）展开定理**，它告诉我们，行列式可以按照任意一行（或列）展开.

例如，设有行列式

$$D = \begin{vmatrix} 2 & -1 & 3 \\ 4 & 2 & 5 \\ 2 & 0 & 0 \end{vmatrix},$$

若按第一行展开，有

$$D = 2A_{11} + (-1)A_{12} + 3A_{13}$$

$$= 2 \times (-1)^{1+1} \begin{vmatrix} 2 & 5 \\ 0 & 0 \end{vmatrix} + (-1) \times (-1)^{1+2} \begin{vmatrix} 4 & 5 \\ 2 & 0 \end{vmatrix}$$

$$+ 3 \times (-1)^{1+3} \begin{vmatrix} 4 & 2 \\ 2 & 0 \end{vmatrix}$$

$$= 2 \times 0 + (-10) + 3 \times (-4) = -22;$$

若按第一列展开，有

$$D = 2A_{11} + 4A_{21} + 2A_{31}$$

$$= 2 \times (-1)^{1+1} \begin{vmatrix} 2 & 5 \\ 0 & 0 \end{vmatrix} + 4 \times (-1)^{2+1} \begin{vmatrix} -1 & 3 \\ 0 & 0 \end{vmatrix}$$

$$+ 2 \times (-1)^{3+1} \begin{vmatrix} -1 & 3 \\ 2 & 5 \end{vmatrix}$$

$$= 2 \times 0 + 4 \times 0 + 2 \times (-11) = -22;$$

若按第三行展开,有

$$D = 2A_{31} + 0A_{32} + 0A_{33}$$

$$= 2 \times (-1)^{3+1} \begin{vmatrix} -1 & 3 \\ 2 & 5 \end{vmatrix} + 0 \times (-1)^{3+2} \begin{vmatrix} 2 & 3 \\ 4 & 5 \end{vmatrix}$$

$$+ 0 \times (-1)^{3+3} \begin{vmatrix} 2 & -1 \\ 4 & 2 \end{vmatrix}$$

$$= 2 \times (-11) + 0 + 0 = -22.$$

显然,按照零元素较多的第三行展开最方便.

## 二、行列式的计算

为说明行列式的计算过程,我们以 $r_i(c_j)$ 表示行列式的第 $i$ 行(第 $j$ 列);"$r_i \leftrightarrow r_j$"表示交换 $D$ 的第 $i$ 和第 $j$ 行;"$kr_i$"表示用 $k$ 乘 $D$ 的第 $i$ 行;"$r_i + kr_j$"表示将 $D$ 的第 $j$ 行各元素乘以 $k$ 后加到第 $i$ 行上去.

计算行列式的一种基本方法是根据行列式的特点,利用行列式的性质,把它逐步化为上(或下)三角形行列式,由前面的结论可知,这时行列式的值就是主对角线上元素的乘积.

**例 5-6** 计算行列式

$$D = \begin{vmatrix} 0 & -1 & 2 & 2 \\ 1 & -1 & 0 & 2 \\ -1 & 2 & -1 & 0 \\ 2 & 1 & 1 & 0 \end{vmatrix}.$$

**解** $D \xrightarrow{r_1 \leftrightarrow r_2} - \begin{vmatrix} 1 & -1 & 0 & 2 \\ 0 & -1 & 2 & 2 \\ -1 & 2 & -1 & 0 \\ 2 & 1 & 1 & 0 \end{vmatrix}$

$$\xrightarrow[\substack{r_3 + r_1 \\ r_4 + (-2)r_1}]{} - \begin{vmatrix} 1 & -1 & 0 & 2 \\ 0 & -1 & 2 & 2 \\ 0 & 1 & -1 & 2 \\ 0 & 3 & 1 & -4 \end{vmatrix}$$

$$\xrightarrow[\substack{r_3+r_1 \\ r_4+(3)r_2}]{} \begin{vmatrix} 1 & -1 & 0 & 2 \\ 0 & -1 & 2 & 2 \\ 0 & 0 & 1 & 4 \\ 0 & 0 & 7 & 2 \end{vmatrix} \xrightarrow[\substack{r_4+(-7)r_3}]{} \begin{vmatrix} 1 & -1 & 0 & 2 \\ 0 & -1 & 2 & 2 \\ 0 & 0 & 1 & 4 \\ 0 & 0 & 0 & -26 \end{vmatrix}$$

$$=-1\times(-1)\times 1\times(-26)=-26.$$

**例 5-7**　计算行列式

$$D=\begin{vmatrix} x & 1 & 1 & 1 \\ 1 & x & 1 & 1 \\ 1 & 1 & x & 1 \\ 1 & 1 & 1 & x \end{vmatrix},$$

并求当 $D=0$ 时 $x$ 的值.

**解**　所求行列式的特点是各行元素之和相等,故可把第二、三、四列都加到第一列上,即得

$$D\xrightarrow[\substack{c_1+c_2 \\ c_1+c_3 \\ c_1+c_4}]{} \begin{vmatrix} x+3 & 1 & 1 & 1 \\ x+3 & x & 1 & 1 \\ x+3 & 1 & x & 1 \\ x+3 & 1 & 1 & x \end{vmatrix}=(x+3)\begin{vmatrix} 1 & 1 & 1 & 1 \\ 1 & x & 1 & 1 \\ 1 & 1 & x & 1 \\ 1 & 1 & 1 & x \end{vmatrix}$$

$$\xrightarrow[\substack{r_2+(-1)r_1 \\ r_3+(-1)r_1 \\ r_4+(-1)r_1}]{}(x+3)\begin{vmatrix} 1 & 1 & 1 & 1 \\ 0 & x-1 & 0 & 0 \\ 0 & 0 & x-1 & 0 \\ 0 & 0 & 0 & x-1 \end{vmatrix}$$

$$=(x+3)(x-1)^3,$$

令 $D=0$,得 $x=-3$ 或 $x=1$.

计算行列式的另一种基本方法是选择零元素最多的行(列),按这一行(列)展开,也可以先利用性质把某一行(列)的元素化为仅有一个非零元素,然后按这一行(列)展开,这种方法称为"降阶法".

**例 5-8**　计算行列式

$$D = \begin{vmatrix} -2 & 8 & 0 & -3 \\ -1 & 2 & 3 & 4 \\ 0 & 3 & 0 & 0 \\ -2 & 5 & 1 & -1 \end{vmatrix}.$$

**解** 由性质 5,选择按第三行展开,

$$D = \begin{vmatrix} -2 & 8 & 0 & -3 \\ -1 & 2 & 3 & 4 \\ 0 & 3 & 0 & 0 \\ -2 & 5 & 1 & -1 \end{vmatrix} = 0A_{31} + 3A_{32} + 0A_{33} + 0A_{34}$$

$$= 3 \times (-1)^{3+2} \begin{vmatrix} -2 & 0 & -3 \\ -1 & 3 & 4 \\ -2 & 1 & -1 \end{vmatrix} \xrightarrow{\text{再按第一}\atop\text{行展开}}$$

$$-3 \left[ (-2) \times (-1)^{1+1} \begin{vmatrix} 3 & 4 \\ 1 & -1 \end{vmatrix} + (-3) \times (-1)^{1+3} \begin{vmatrix} -1 & 3 \\ -2 & 1 \end{vmatrix} \right]$$

$$= -3 \left[ (-2) \times (-7) - 3 \times 5 \right] = 3.$$

**例 5-9** 用"降阶法"计算例 1 中的行列式.

**解**

$$D \xrightarrow{r_1 + (-1)r_2} \begin{vmatrix} -1 & 0 & 2 & 0 \\ 1 & -1 & 0 & 2 \\ -1 & 2 & -1 & 0 \\ 2 & 1 & 1 & 0 \end{vmatrix}$$

$$\xrightarrow{\text{按第 4 列展开}} 2 \times (-1)^{2+4} \begin{vmatrix} -1 & 0 & 2 \\ -1 & 2 & -1 \\ 2 & 1 & 1 \end{vmatrix}$$

$$\xrightarrow{c_3 + (2)c_1} 2 \begin{vmatrix} -1 & 0 & 0 \\ -1 & 2 & -3 \\ 2 & 1 & 5 \end{vmatrix}$$

$$\xrightarrow{\text{按第 1 行展开}} 2 \times (-1) \times \begin{vmatrix} 2 & -3 \\ 1 & 5 \end{vmatrix} = -26$$

**例 5-10**　计算行列式

$$D = \begin{vmatrix} -3 & 2 & -6 & 5 \\ 4 & 7 & -2 & -4 \\ 1 & 3 & 4 & -2 \\ -5 & -8 & -10 & 7 \end{vmatrix}.$$

**解**

$$D \xrightarrow[\substack{r_2+(-4)r_3 \\ r_4+5r_3}]{r_1+3r_3} \begin{vmatrix} 0 & 11 & 6 & -1 \\ 0 & -5 & -18 & 4 \\ 1 & 3 & 4 & -2 \\ 0 & 7 & 10 & -3 \end{vmatrix}$$

$$\xrightarrow{\text{按第一列展开}} \begin{vmatrix} 11 & 6 & -1 \\ -5 & -18 & 4 \\ 7 & 10 & -3 \end{vmatrix}$$

$$\xrightarrow[\substack{r_3+(-3)r_1}]{r_2+4r_1} \begin{vmatrix} 11 & 6 & -1 \\ 39 & 6 & 0 \\ -26 & -8 & 0 \end{vmatrix}$$

$$\xrightarrow{\text{按第三列展开}} (-1) \begin{vmatrix} 39 & 6 \\ -26 & -8 \end{vmatrix} = 156.$$

## 第三节　克莱姆法则

　　与二、三元线性方程组的结论类似,对于含有 $n$ 个方程 $n$ 个未知数的线性方程组也有用行列式表示其解的法则.

　　**定理 1（克莱姆法则）**　设有 $n$ 个方程 $n$ 个未知数的线性方程组

$$
\begin{cases}
a_{11}x_1 + a_{12}x_2 + \cdots + a_{1n}x_n = b_1, \\
a_{21}x_1 + a_{22}x_2 + \cdots + a_{2n}x_n = b_2, \\
\quad\cdots \\
a_{n1}x_1 + a_{n2}x_2 + \cdots + a_{nn}x_n = b_n
\end{cases}
\tag{5-8}
$$

记这个方程组的系数行列式为 $D$,即

$$
D = \begin{vmatrix}
a_{11} & a_{12} & \cdots & a_{1n} \\
a_{21} & a_{22} & \cdots & a_{2n} \\
\vdots & \vdots & & \vdots \\
a_{n1} & a_{n2} & \cdots & a_{nn}
\end{vmatrix},
$$

若 $D \neq 0$,则方程组(5-8)有且仅有唯一的一组解:

$$
x_1 = \frac{D_1}{D}, x_2 = \frac{D_2}{D}, \cdots, x_n = \frac{D_n}{D},
$$

其中,$D_j (j=1,2,\cdots,n)$ 是把系数行列式 $D$ 中的第 $j$ 列元素 $a_{1j}, a_{2j},$ $\cdots, a_{nj}$ 依次换成方程组(5-8)右端的常数项 $b_1, b_2, \cdots, b_n$ 所得的行列式.

证明从略.

**例 5-11** 用克莱姆法则解线性方程组

$$
\begin{cases}
-x_1 + 2x_2 - x_3 + 2x_4 = -4, \\
x_1 - x_2 + x_3 - 2x_4 = 2, \\
2x_1 - x_3 + 4x_4 = 4, \\
3x_1 + 2x_2 + x_3 = -1.
\end{cases}
$$

**解** 由于方程组的系数行列式为

$$
D = \begin{vmatrix}
-1 & 2 & -1 & 2 \\
1 & -1 & 1 & -2 \\
2 & 0 & -1 & 4 \\
3 & 2 & 1 & 0
\end{vmatrix} = 2 \neq 0,
$$

因此,方程组有唯一的一组解.计算 $D_j (j=1,2,3,4)$,得

$$D_1 = \begin{vmatrix} -4 & 2 & -1 & 2 \\ 2 & -1 & 1 & -2 \\ 4 & 0 & -1 & 4 \\ -1 & 2 & 1 & 0 \end{vmatrix} = 2,$$

$$D_2 = \begin{vmatrix} -1 & -4 & -1 & 2 \\ 1 & 2 & 1 & -2 \\ 2 & 4 & -1 & 4 \\ 3 & -1 & 1 & 0 \end{vmatrix} = -4,$$

$$D_3 = \begin{vmatrix} -1 & 2 & -4 & 2 \\ 1 & -1 & 2 & -2 \\ 2 & 0 & 4 & 4 \\ 3 & 2 & -1 & 0 \end{vmatrix} = 0,$$

$$D_4 = \begin{vmatrix} -1 & 2 & -1 & -4 \\ 1 & -1 & 1 & 2 \\ 2 & 0 & -1 & 4 \\ 3 & 2 & 1 & -1 \end{vmatrix} = 1,$$

所以方程组的解为

$$x_1 = \frac{D_1}{D} = 1, x_2 = \frac{D_2}{D} = -2, x_3 = \frac{D_3}{D} = 0, x_4 = \frac{D_4}{D} = \frac{1}{2}.$$

若线性方程组(5-8)的常数项全为零,即

$$\begin{cases} a_{11}x_1 + a_{12}x_2 + \cdots a_{1n}x_n = 0, \\ a_{21}x_1 + a_{22}x_2 + \cdots a_{2n}x_n = 0, \\ \quad\quad\quad \vdots \\ a_{n1}x_1 + a_{n2}x_2 + \cdots a_{nn}x_n = 0. \end{cases} \tag{5-9}$$

则称它为**齐次线性方程组**.相应地,常数项不全为零的方程组(5-8)称为非齐次线性方程组.

显然,齐次线性方程组(5-9)一定有解,事实上,$x_j = 0$ $(j=1,2,\cdots,n)$为它的一组解(称为**零解**).因此,由克莱姆法则的逆否命题可得齐次线性方程组(5-9)有非零解的以下结论.

**定理 2**　齐次线性方程组(5-9)有非零解的充分必要条件是它的系数行列式 $D=0$.

**例 5-12**　判别齐次线性方程组
$$\begin{cases} 2x_1+x_2-5x_3+x_4=0, \\ x_1-3x_2-6x_4=0, \\ 2x_2-x_3+2x_4=0, \\ x_1+4x_2-7x_3+6x_4=0 \end{cases}$$
是否有非零解.

**解**　因为系数行列式
$$D=\begin{vmatrix} 2 & 1 & -5 & 1 \\ 1 & -3 & 0 & -6 \\ 0 & 2 & -1 & 2 \\ 1 & 4 & -7 & 6 \end{vmatrix}=27\neq0,$$

所以方程组只有零解, $x_1=x_2=x_3=x_4=0$.

# 习　题　五

1. 计算下列行列式:

(1) $\begin{vmatrix} 2 & 4 \\ 3 & 6 \end{vmatrix}$;

(2) $\begin{vmatrix} 1 & 2 & 3 \\ 1 & 1 & 0 \\ -1 & 2 & 1 \end{vmatrix}$;

(3) $\begin{vmatrix} a & b & c \\ a & b & 0 \\ a & 0 & 0 \end{vmatrix}$;

(4) $\begin{vmatrix} 0 & -x & -y \\ x & 0 & -z \\ y & z & 0 \end{vmatrix}$.

2. 求行列式 $\begin{vmatrix} 3 & -1 & 0 & 7 \\ 1 & 0 & 1 & 5 \\ 2 & 3 & -3 & 1 \\ 0 & 0 & 1 & -2 \end{vmatrix}$ 中元素 $a_{12}, a_{31}$ 的余子式和代数余子式.

3. 用行列式性质计算下列行列式：

(1) $\begin{vmatrix} x+y & x & y \\ x & x+y & y \\ x & y & x+y \end{vmatrix}$;

(2) $\begin{vmatrix} a+b & c & c \\ a & b+c & a \\ b & b & c+a \end{vmatrix}$;

(3) $\begin{vmatrix} 0 & 2 & 2 & 2 \\ 2 & 0 & 2 & 2 \\ 2 & 2 & 0 & 2 \\ 2 & 2 & 2 & 0 \end{vmatrix}$;

(4) $\begin{vmatrix} 1 & 1 & 1 & 1 \\ 1 & 2 & 3 & 4 \\ 1 & 3 & 6 & 10 \\ 1 & 4 & 10 & 20 \end{vmatrix}$;

(5) $\begin{vmatrix} 2 & 5 & -3 & -2 \\ -2 & -3 & 2 & -5 \\ 1 & 3 & -2 & 2 \\ -1 & 6 & 4 & 3 \end{vmatrix}$;

(6) $\begin{vmatrix} a & 0 & 0 & b \\ 0 & a & b & 0 \\ 0 & b & a & 0 \\ b & 0 & 0 & a \end{vmatrix}$.

4. 按第 3 列展开行列式 $\begin{vmatrix} 1 & 0 & a & 1 \\ 0 & -1 & b & -1 \\ -1 & -1 & c & 1 \\ -1 & 1 & d & 0 \end{vmatrix}$,并计算其结果.

5. 用克莱姆法则解下列方程组：

(1) $\begin{cases} x_1+x_2+x_3=3, \\ x_1-x_2+3x_3=7, \\ 2x_1+3x_2-x_3=0; \end{cases}$

(2) $\begin{cases} x_1-x_2+x_3-2x_4=2, \\ 2x_1-x_3+4x_4=4, \\ 3x_1+2x_2+x_3=-1, \\ -x_1+2x_2-x_3+2x_4=-4. \end{cases}$

6. 判别下列齐次线性方程组是否有非零解：

(1) $\begin{cases} 2x_1+2x_2-x_3=0, \\ x_1-2x_2+4x_3=0, \\ 5x_1+8x_2-2x_3=0; \end{cases}$

(2) $\begin{cases} 2x_1 - 3x_2 + 4x_3 - 3x_4 = 0, \\ 3x_1 - x_2 + 11x_3 - 13x_4 =, \\ 4x_1 + 5x_2 - 7x_3 - 2x_4 = 0, \\ 13x_1 - 25x_2 + x_3 + 11x_4 = 0. \end{cases}$

7. 设齐次线性方程组 $\begin{cases} x_1 + kx_2 + x_3 = 0, \\ kx_1 + x_2 - x_3 = 0, \\ 2x_1 - x_2 + x_3 = 0, \end{cases}$ 问：$k$ 取什么值时，方

程组只有零解？$k$ 取什么值时，方程组有非零解？

# 第六章　矩　阵

在第五章中,我们已经介绍了解线性方程组的克莱姆法则,它要求方程组中方程的个数等于未知数的个数,并且系数行列式不等于零.为了讨论一般的线性方程组求解问题,我们在本章介绍矩阵的概念及运算.

## 第一节　矩阵的概念

先看下面例子:某工厂有 $A_1, A_2, A_3, A_4$ 四个车间,第一季度某种产品的产量制成报表如下所示:

| 产量\车间\月份 | $A_1$ | $A_2$ | $A_3$ | $A_4$ |
|---|---|---|---|---|
| 1 月 | 360 | 330 | 270 | 300 |
| 2 月 | 400 | 350 | 300 | 320 |
| 3 月 | 380 | 330 | 260 | |

表中产量也可简写成如下的数表:

$$\begin{bmatrix} 360 & 330 & 270 & 300 \\ 400 & 350 & 300 & 320 \\ 380 & 330 & 280 & 260 \end{bmatrix},$$

数表中的各行数值分别表示各个月的产量,各列数值分别表示各车间的产量.

类似这样的数表,在自然科学、工程技术和经济等不同领域中都会遇到. 我们给予如下定义:

**定义 1** 由 $m \times n$ 个数所排成 $m$ 行 $n$ 列的一张表,并用方括号(或圆括号)括起来,即:

$$\begin{pmatrix} a_{11} & a_{12} & \cdots & a_{1n} \\ a_{21} & a_{22} & \cdots & a_{2n} \\ \vdots & \vdots & \cdots & \vdots \\ a_{m1} & a_{m2} & \cdots & a_{mn} \end{pmatrix},$$

称为一个 **$m$ 行 $n$ 列矩阵**,简称 $m \times n$ 矩阵,其中 $a_{ij}$ ($i = 1, 2, \cdots, m$; $j = 1, 2, \cdots, n$)表示矩阵第 $i$ 行第 $j$ 列交叉处的数,称为该矩阵的**元素**.

矩阵常用大写字母 $A, B, C, \cdots$ 表示,也可记作 $A_{m \times n}$ 或 $(a_{ij})_{m \times n}$,即

$$A = A_{m \times n} = (a_{ij})_{m \times n} = \begin{pmatrix} a_{11} & a_{12} & \cdots & a_{1n} \\ a_{21} & a_{22} & \cdots & a_{2n} \\ \vdots & \vdots & & \vdots \\ a_{m1} & a_{m2} & \cdots & a_{mn} \end{pmatrix}.$$

当 $m = n$ 时,矩阵 $A_{n \times n}$ 称为 $n$ 阶**方阵**,可记为 $A_n$.

如果 $A$ 是一个方阵,则从左上角到右下角的对角线上的元素 $a_{11}, a_{22}, \cdots, a_{nn}$ 称为**主对角线元素**.

主对角线以外的元素都为零的方阵,称为**对角阵**. 例如

$$\begin{pmatrix} -1 & 0 & 0 & 0 \\ 0 & 2 & 0 & 0 \\ 0 & 0 & 0 & 0 \\ 0 & 0 & 0 & 2 \end{pmatrix}$$

为一个四阶对角阵.

主对角线元素都为 1 的对角阵,称为**单位矩阵**,记作 $I$,即

$$I = \begin{pmatrix} 1 & 0 & \cdots & 0 \\ 0 & 1 & \cdots & 0 \\ \vdots & \vdots & & \vdots \\ 0 & 0 & \cdots & 1 \end{pmatrix}.$$

需要注意的是，$n$ 阶方阵和 $n$ 阶行列式是两个完全不同的概念。$n$ 阶行列式是一个数，而 $n$ 阶方阵不是一个数，而是由 $n^2$ 个数按一定次序所组成的一个数表。

对于一个 $n$ 阶方阵 $A$，通常把 $A$ 的元素按其在方阵中的位置所构成的行列式，称为**方阵 $A$ 的行列式或矩阵 $A$ 的行列式**，记作 $|A|$.

例如，设

$$A = \begin{pmatrix} 2 & 1 & 3 \\ 4 & 6 & 5 \\ 1 & 2 & -1 \end{pmatrix},$$

则 $A$ 的行列式为

$$|A| = \begin{vmatrix} 2 & 1 & 3 \\ 4 & 6 & 5 \\ 1 & 2 & -1 \end{vmatrix}.$$

当 $m = 1$ 时，矩阵只有一行，即

$$(a_{11} \quad a_{12} \quad \cdots \quad a_{1n}),$$

称为**行矩阵**。

当 $n = 1$ 时，矩阵只有一列，即

$$\begin{pmatrix} a_{11} \\ a_{21} \\ \vdots \\ a_{m1} \end{pmatrix},$$

称为**列矩阵**。

所有元素都是零的矩阵称为**零矩阵**，记作 $O$.

在矩阵 $A$ 所有元素的前面都加上负号所得的矩阵，称为 $A$ 的**负矩阵**，记作 $-A$，即若 $A = (a_{ij})_{m \times n}$，则 $-A = (-a_{ij})_{m \times n}$.

设 $A=(a_{ij})_{m\times n}$，$B=(b_{ij})_{k\times l}$，如果 $m=k$，$n=l$，并且它们对应位置上的元素都相等，即 $a_{ij}=b_{ij}$（$i=1,2,\cdots,m$；$j=1,2,\cdots,n$），则称**矩阵 $A$ 与矩阵 $B$ 相等**，记作 $A=B$.

例如，设 $A=\begin{pmatrix} a & 2 \\ 5 & b \end{pmatrix}$，$B=\begin{pmatrix} c & 2a \\ d+b & 2 \end{pmatrix}$，若 $A=B$，则必有 $a=1$，$b=2$，$c=1$，$d=3$.

# 第二节　矩阵的运算

## 一、矩阵的加法和减法

设矩阵 $A=(a_{ij})_{m\times n}$，$B=(b_{ij})_{m\times n}$，即 $A$ 和 $B$ 都是 $m\times n$ 矩阵，矩阵 $(a_{ij}+b_{ij})_{m\times n}$ 称为矩阵 $A$ 与 $B$ 的**和**，记作 $A+B$；矩阵 $(a_{ij}-b_{ij})_{m\times n}$ 称为矩阵 $A$ 与 $B$ 的**差**，记作 $A-B$.

需要注意的是，两个矩阵只有当它们的行数和列数分别对应相等时，才能作加法或减法运算.

**例 6-1** 设 $A=\begin{pmatrix} -1 & 0 & 3 \\ 2 & 5 & 1 \end{pmatrix}$，$B=\begin{pmatrix} 4 & 2 & 0 \\ 3 & -2 & 1 \end{pmatrix}$，求 $A+B$ 与 $A-B$.

**解** $A+B=\begin{pmatrix} 3 & 2 & 3 \\ 5 & 3 & 2 \end{pmatrix}$，$A-B=\begin{pmatrix} -5 & -2 & 3 \\ -1 & 7 & 0 \end{pmatrix}$.

设 $A$，$B$，$C$ 为任意三个 $m\times n$ 矩阵，可以验证矩阵的加法满足：

（1）**交换律** $A+B=B+A$；

（2）**结合律** $(A+B)+C=A+(B+C)$.

## 二、数与矩阵相乘

设 $\lambda$ 是一个数，$A=(a_{ij})_{m\times n}$ 是一个 $m\times n$ 矩阵，称矩阵 $(\lambda a_{ij})_{m\times n}$ 为数 $\lambda$ 与矩阵 $A$ 的**乘积**，记为 $\lambda A$. 规定 $A\lambda=\lambda A$.

例如，$3\begin{vmatrix} 1 & 2 & 3 \\ -1 & -2 & -3 \\ 4 & 5 & 6 \end{vmatrix}=\begin{vmatrix} 3 & 6 & 9 \\ -3 & -6 & -9 \\ 12 & 15 & 18 \end{vmatrix}$.

对任意 $m \times n$ 矩阵 $\boldsymbol{A}, \boldsymbol{B}$ 及实数 $\lambda, \mu$，可以验证数与矩阵的乘法满足：

（1）**分配律**　$\lambda(\boldsymbol{A}+\boldsymbol{B}) = \lambda\boldsymbol{A} + \lambda\boldsymbol{B}, (\lambda+\mu)\boldsymbol{A} = \lambda\boldsymbol{A} + \mu\boldsymbol{A}$；

（2）**结合律**　$(\lambda\mu)\boldsymbol{A} = \lambda(\mu\boldsymbol{A}) = \mu(\lambda\boldsymbol{A})$.

易知，$1\boldsymbol{A} = \boldsymbol{A}, 0\boldsymbol{A} = \boldsymbol{O}$.

### 三、矩阵的乘法

先看一个实际例子.

某公司经营彩电、冰箱、洗衣机三种商品. 其中 1, 2 月份的经销量（单位：台）用矩阵 $\boldsymbol{A}$ 表示，商品的进货价与销售价（单位：千元/台）用矩阵 $\boldsymbol{B}$ 表示，分别求 1, 2 月份的进货总额和销售总额（单位：千元）.

$$\boldsymbol{A} = \begin{matrix} \text{彩电} & \text{冰箱} & \text{洗衣机} \\ \begin{pmatrix} 300 & 200 & 100 \\ 350 & 300 & 200 \end{pmatrix} & & \end{matrix} \begin{matrix} \text{1 月销量} \\ \text{2 月销量} \end{matrix}$$

$$\boldsymbol{B} = \begin{matrix} \text{进货价} & \text{销售价} \\ \begin{pmatrix} 2.5 & 2.8 \\ 2.0 & 2.2 \\ 1.8 & 2.0 \end{pmatrix} \end{matrix} \begin{matrix} \text{彩电} \\ \text{冰箱} \\ \text{洗衣机} \end{matrix}$$

依题意有，

1 月份的进货总额 $= 300 \times 2.5 + 200 \times 2.0 + 100 \times 1.8 = 1330$

1 月份的销售总额 $= 300 \times 2.8 + 200 \times 2.2 + 100 \times 2.0 = 1480$

2 月份的进货总额 $= 350 \times 2.5 + 300 \times 2.0 + 200 \times 1.8 = 1835$

2 月份的销售总额 $= 350 \times 2.8 + 300 \times 2.2 + 200 \times 2.0 = 2040$.

用矩阵可表示为

$$\boldsymbol{C} = \begin{matrix} \text{进货总额} & \text{销售总额} \\ \begin{pmatrix} 1330 & 1480 \\ 1835 & 2040 \end{pmatrix} \end{matrix} \begin{matrix} \text{1 月} \\ \text{2 月} \end{matrix}$$

这里，矩阵 $\boldsymbol{C}$ 的第 $i$ 行第 $j$ 列元素 $c_{ij}$ 是矩阵 $\boldsymbol{A}$ 的第 $i$ 行元素与矩阵 $\boldsymbol{B}$ 第 $j$ 列的对应元素的乘积之和. 我们称 $\boldsymbol{C}$ 是矩阵 $\boldsymbol{A}$ 与矩阵 $\boldsymbol{B}$ 的乘积，表示为 $\boldsymbol{C} = \boldsymbol{AB}$.

一般地,我们给出两个矩阵乘积的定义:

**定义** 设矩阵 $A = (a_{ij})_{m \times s}$,$B = (b_{ij})_{s \times n}$,则由元素

$$c_{ij} = a_{i1}b_{1j} + a_{i2}b_{2j} + \cdots + a_{is}b_{sj} = \sum_{k=1}^{s} a_{ik}b_{kj}$$

$$(i = 1, 2, \cdots, m; j = 1, 2, \cdots, n)$$

所构成的 $m \times n$ 阶矩阵 $C = (c_{ij})_{m \times n}$,称为矩阵 $A$ 与矩阵 $B$ 的**乘积**,记作 $C = AB$.

由定义可知,只有当 $A$ 的列数与 $B$ 的行数相等时,$AB$ 才有意义.乘积矩阵 $AB$ 的行数等于 $A$ 的行数,$AB$ 的列数等于 $B$ 的列数.

**例 6-2** 设 $A = \begin{pmatrix} 1 & 0 & 2 \\ -1 & 3 & 5 \end{pmatrix}$,$B = \begin{pmatrix} 2 & 3 \\ 1 & -2 \\ 0 & 4 \end{pmatrix}$,求 $AB$ 与 $BA$.

**解** $AB = \begin{pmatrix} 1 & 0 & 2 \\ -1 & 3 & 5 \end{pmatrix} \begin{pmatrix} 2 & 3 \\ 1 & -2 \\ 0 & 4 \end{pmatrix}$

$$= \begin{pmatrix} 1 \times 2 + 0 \times 1 + 2 \times 0 & 1 \times 3 + 0 \times (-2) + 2 \times 4 \\ -1 \times 2 + 3 \times 1 + 5 \times 0 & -1 \times 3 + 3 \times (-2) + 5 \times 4 \end{pmatrix}$$

$$= \begin{pmatrix} 2 & 11 \\ 1 & 11 \end{pmatrix},$$

$$BA = \begin{pmatrix} 2 & 3 \\ 1 & -2 \\ 0 & 4 \end{pmatrix} \begin{pmatrix} 1 & 0 & 2 \\ -1 & 3 & 5 \end{pmatrix}$$

$$= \begin{pmatrix} 2 \times 1 + 3 \times (-1) & 2 \times 0 + 3 \times 3 & 2 \times 2 + 3 \times 5 \\ 1 \times 1 + (-2) \times (-1) & 1 \times 0 + (-2) \times 3 & 1 \times 2 + (-2) \times 5 \\ 0 \times 1 + 4 \times (-1) & 0 \times 0 + 4 \times 3 & 0 \times 2 + 4 \times 5 \end{pmatrix}$$

$$= \begin{pmatrix} -1 & 9 & 19 \\ 3 & -6 & -8 \\ -4 & 12 & 20 \end{pmatrix}.$$

**例 6-3**  设 $A = \begin{pmatrix} 6 & 2 \\ 3 & 1 \end{pmatrix}, B = \begin{pmatrix} 1 & -2 \\ -2 & 4 \end{pmatrix}$，求 $AB$ 与 $BA$.

**解**  $AB = \begin{pmatrix} 6 & 2 \\ 3 & 1 \end{pmatrix} \begin{pmatrix} 1 & -2 \\ -2 & 4 \end{pmatrix} = \begin{pmatrix} 2 & -4 \\ 1 & -2 \end{pmatrix},$

$BA = \begin{pmatrix} 1 & -2 \\ -2 & 4 \end{pmatrix} \begin{pmatrix} 6 & 2 \\ 3 & 1 \end{pmatrix} = \begin{pmatrix} 0 & 0 \\ 0 & 0 \end{pmatrix}.$

由以上两例可知，矩阵的乘法一般不满足交换律，即 $AB \neq BA$，通常称 $AB$ 为 $A$ 左乘 $B$，或 $B$ 右乘 $A$. 但对某些特殊的方阵，可能有 $AB = BA$，这时称 $A$ 与 $B$ 是可交换的. 例如，

$$\begin{pmatrix} 2 & 4 \\ 1 & -1 \end{pmatrix} \begin{pmatrix} 3 & 4 \\ 1 & 0 \end{pmatrix} = \begin{pmatrix} 10 & 8 \\ 2 & 4 \end{pmatrix} = \begin{pmatrix} 3 & 4 \\ 1 & 0 \end{pmatrix} \begin{pmatrix} 2 & 4 \\ 1 & -1 \end{pmatrix},$$

因此 $\begin{pmatrix} 2 & 4 \\ 1 & -1 \end{pmatrix}$ 与 $\begin{pmatrix} 3 & 4 \\ 1 & 0 \end{pmatrix}$ 是可交换的.

容易证明，$n$ 阶单位矩阵 $I$ 与任意一个方阵 $n$ 阶 $A$ 是可交换的，且乘积为 $A$，即

$$AI = IA = A.$$

可以验证，乘法满足：

（1）结合律  $(AB)C = A(BC)$；

（2）分配律  $(A+B)C = AC + BC,$

$$A(B+C) = AB + AC.$$

**四、矩阵的转置**

设矩阵 $A = \begin{bmatrix} a_{11} & a_{12} & \cdots & a_{1n} \\ a_{21} & a_{22} & \cdots & a_{2n} \\ \vdots & \vdots & & \vdots \\ a_{m1} & a_{m2} & \cdots & a_{mn} \end{bmatrix}$，若将 $A$ 的第 1 行变为第 1

列，第 2 行变为第 2 列，$\cdots$，第 $m$ 行变为第 $m$ 列，则得到一个 $n \times m$ 的矩阵

$$\begin{pmatrix} a_{11} & a_{21} & \cdots & a_{m1} \\ a_{12} & a_{22} & \cdots & a_{m2} \\ \vdots & \vdots & & \vdots \\ a_{1n} & a_{2n} & \cdots & a_{mn} \end{pmatrix},$$

称此矩阵为 $A$ 的**转置矩阵**,用 $A^{\mathrm{T}}$ 或 $A'$ 表示. 显然 $A^{\mathrm{T}}$ 中第 $i$ 行第 $j$ 列元素与 $A$ 中第 $j$ 行第 $i$ 列元素相等.

例如,$A = \begin{pmatrix} 1 & 0 & 2 \\ -1 & 3 & 5 \end{pmatrix}$, 则 $A^{\mathrm{T}} = \begin{pmatrix} 1 & -1 \\ 0 & 3 \\ 2 & 5 \end{pmatrix}$.

可以验证,矩阵的转置满足:

(1) $(A^{\mathrm{T}})^{\mathrm{T}} = A$;

(2) $(A \pm B)^{\mathrm{T}} = A^{\mathrm{T}} \pm B^{\mathrm{T}}$;

(3) $(kA)^{\mathrm{T}} = kA^{\mathrm{T}}$($k$ 为常数);

(4) $(AB)^{\mathrm{T}} = B^{\mathrm{T}} A^{\mathrm{T}}$.

前三个性质容易从转置矩阵的概念直接得到,性质(4)可运用乘法和转置的定义给予证明(从略),下面仅举例说明

**例 6-4** 设 $A = \begin{pmatrix} 2 & 6 & -1 \\ 3 & 1 & 0 \end{pmatrix}$,$B = \begin{pmatrix} 0 & 5 \\ 4 & 2 \\ -1 & 6 \end{pmatrix}$,求 $(AB)^{\mathrm{T}}$ 与 $B^{\mathrm{T}} A^{\mathrm{T}}$.

**解** $AB = \begin{pmatrix} 2 & 6 & -1 \\ 3 & 1 & 0 \end{pmatrix} \begin{pmatrix} 0 & 5 \\ 4 & 2 \\ -1 & 6 \end{pmatrix} = \begin{pmatrix} 25 & 16 \\ 4 & 17 \end{pmatrix}$,

$(AB)^{\mathrm{T}} = \begin{pmatrix} 25 & 4 \\ 16 & 17 \end{pmatrix}$,

$B^{\mathrm{T}} A^{\mathrm{T}} = \begin{pmatrix} 0 & 4 & -1 \\ 5 & 2 & 6 \end{pmatrix} \begin{pmatrix} 2 & 3 \\ 6 & 1 \\ -1 & 0 \end{pmatrix} = \begin{pmatrix} 25 & 4 \\ 16 & 17 \end{pmatrix}$.

可见,$(AB)^{\mathrm{T}} = B^{\mathrm{T}} A^{\mathrm{T}}$.

# 第三节　矩阵的简单应用

**例 6-5**　某公司要从三个产地 $P_1,P_2,P_3$ 采购甲、乙两种货物，其采购方案用下列矩阵表示（单位：吨）：

$$A=\begin{matrix}\text{甲}\quad\text{乙}\\[2pt]\begin{pmatrix}30 & 15\\ 20 & 25\\ 25 & 20\end{pmatrix}\begin{matrix}P_1\\ P_2\\ P_3\end{matrix}\end{matrix},$$

购买货物甲的单价为 300 元/吨，货物乙的单价为 200 元/吨，试用矩阵乘法求出公司应该付给各地的费用.

**解**　单价可用矩阵表示为 $B=\begin{pmatrix}300\\ 200\end{pmatrix}$，

则费用矩阵 $C=AB=\begin{pmatrix}30 & 15\\ 20 & 25\\ 25 & 20\end{pmatrix}\begin{pmatrix}300\\ 200\end{pmatrix}=\begin{pmatrix}12000\\ 11000\\ 11500\end{pmatrix}$，

因此，付给产地 $P_1,P_2,P_3$ 的费用分别是 12000，11000，11500 元.

**例 6-6**　用矩阵的乘法表示含有 $m$ 个方程 $n$ 个未知数的线性方程组

$$\begin{cases}a_{11}x_1+a_{12}x_2+\cdots a_{1n}x_n=b_1,\\ a_{21}x_1+a_{22}x_2+\cdots a_{2n}x_n=b_2,\\ \quad\cdots\\ a_{m1}x_1+a_{m2}x_2+\cdots a_{mn}x_n=b_m.\end{cases}$$

**解**　未知数的系数可以用一个 $m\times n$ 的矩阵

$$A=\begin{pmatrix}a_{11} & a_{12} & \cdots & a_{1n}\\ a_{21} & a_{22} & \cdots & a_{2n}\\ \vdots & \vdots & & \vdots\\ a_{m1} & a_{m2} & \cdots & a_{mn}\end{pmatrix}$$

表示(这个矩阵称为线性方程组的系数矩阵),再记

$$X = \begin{bmatrix} x_1 \\ x_2 \\ \vdots \\ x_n \end{bmatrix}, \quad B = \begin{bmatrix} b_1 \\ b_2 \\ \vdots \\ b_m \end{bmatrix},$$

则方程组可表示为

$$AX = B.$$

**例 6-7**　若 $\begin{cases} x_1 = -y_1 + 2y_2 + y_3, \\ x_2 = 2y_1 + 3y_3 \end{cases}$，$\begin{cases} y_1 = 3z_1 - 2z_2 \\ y_2 = z_1 + 3z_2 \\ y_3 = 4z_2 \end{cases}$，试用 $z_1, z_2$

表示出 $x_1, x_2$.

**解**　记 $X = \begin{bmatrix} x_1 \\ x_2 \end{bmatrix}$，$Y = \begin{bmatrix} y_1 \\ y_2 \\ y_3 \end{bmatrix}$，$Z = \begin{bmatrix} z_1 \\ z_2 \end{bmatrix}$，$A = \begin{pmatrix} -1 & 2 & 1 \\ 2 & 0 & 3 \end{pmatrix}$，

$$B = \begin{bmatrix} 3 & -2 \\ 1 & 3 \\ 0 & 4 \end{bmatrix},$$

则 $X = AY, Y = BZ$，所以有 $X = AY = A(BZ) = (AB)Z$，即

$$\begin{bmatrix} x_1 \\ x_2 \end{bmatrix} = \begin{pmatrix} -1 & 2 & 1 \\ 2 & 0 & 3 \end{pmatrix} \begin{bmatrix} 3 & -2 \\ 1 & 3 \\ 0 & 4 \end{bmatrix} \begin{bmatrix} z_1 \\ z_2 \end{bmatrix} = \begin{pmatrix} -1 & 12 \\ 6 & 8 \end{pmatrix} \begin{bmatrix} z_1 \\ z_2 \end{bmatrix},$$

所以用 $z_1, z_2$ 表示出 $x_1, x_2$ 的关系式为

$$\begin{cases} x_1 = -z_1 + 12z_2, \\ x_2 = 6z_1 + 8z_2. \end{cases}$$

# 习 题 六

1. 设 $A = \begin{pmatrix} 2 & 0 & -1 \\ 3 & 1 & -2 \\ -2 & 4 & 1 \end{pmatrix}$, $B = \begin{pmatrix} 3 & 2 & 0 \\ -1 & 2 & -3 \\ 2 & 1 & 2 \end{pmatrix}$,

求：(1) $2A + B$, (2) $A - B$.

2. 设 $A = \begin{pmatrix} 1 & 2 \\ 0 & -1 \end{pmatrix}$, $B = \begin{pmatrix} 3 & 4 \\ 2 & 3 \end{pmatrix}$, 且 $A - 2X = B$, 求 $X$.

3. 设 $A = \begin{pmatrix} -1 & -1 & -2 \\ -1 & 2 & 0 \\ 0 & 1 & 1 \end{pmatrix}$, 试求 $|3A|$ 和 $3|A|$, 比较它们的值.

如果 $A$ 是一个 $n$ 阶方阵, $k$ 是一个常数, 则 $|kA|$ 与 $|A|$ 有何关系?

4. 计算:

(1) $\begin{pmatrix} 1 & 2 \\ -3 & 4 \end{pmatrix} \begin{pmatrix} 1 & 2 \\ 1 & -1 \end{pmatrix}$;　(2) $\begin{pmatrix} 2 & 0 & -1 \\ 1 & 3 & 2 \end{pmatrix} \begin{pmatrix} 1 & 7 & -1 \\ 4 & 2 & 3 \\ 2 & 0 & 1 \end{pmatrix}$;

(3) $\begin{pmatrix} 1 \\ 2 \\ 3 \\ 4 \end{pmatrix} (2 \quad -1 \quad 1 \quad 3)$;　(4) $(2 \quad -1 \quad 1 \quad 3) \begin{pmatrix} 1 \\ 2 \\ 3 \\ 4 \end{pmatrix}$;

(5) $\begin{pmatrix} 1 & 0 & 3 & -1 \\ 2 & 1 & 0 & 2 \end{pmatrix} \begin{pmatrix} 4 & 1 & 0 \\ -1 & 1 & 3 \\ 2 & 0 & 1 \\ 1 & 3 & 4 \end{pmatrix}$;

(6) $(x_1 \quad x_2 \quad x_3) \begin{pmatrix} a_{11} & a_{12} & a_{13} \\ a_{21} & a_{22} & a_{23} \\ a_{31} & a_{32} & a_{33} \end{pmatrix} \begin{pmatrix} x_1 \\ x_2 \\ x_3 \end{pmatrix}$.

5. 设 $A = \begin{pmatrix} 1 & 2 & -1 \\ 2 & 3 & 2 \\ -1 & 0 & 2 \end{pmatrix}$, $B = \begin{pmatrix} 0 & 1 & 2 \\ 2 & -1 & 0 \\ -1 & -1 & 3 \end{pmatrix}$,

求 $A^T B^T$, $(BA)^T$, $(AB)^T$, $(A^T)^2$.

6. 求所有与 $\begin{pmatrix} 1 & 1 \\ 0 & 1 \end{pmatrix}$ 可交换的矩阵.

7. 已知若 $\begin{cases} z_1 = -y_1 + 3y_2 + y_3, \\ z_2 = 4y_2 + 2y_3, \end{cases}$ $\begin{cases} y_1 = 4x_1 + x_2, \\ y_2 = 2x_1 + 5x_2, \\ y_3 = 3x_1 + 4x_2, \end{cases}$ 写出用 $x_1, x_2$

表示 $z_1, z_2$ 的关系式.

# 第七章 矩阵的初等行变换 与线性方程组

在第五章中,我们讨论了用克莱姆法则求解线方程组的问题.但克莱姆法则只适用于求解未知数个数与方程个数相等的方程组,并且要求系数行列式不为零.在实际问题中,常会遇到这样的线性方程组,其未知数个数与方程个数不相等,或即使未知数个数与方程个数相等但系数行列式为零.本章对一般的线性方程组展开讨论.

## 第一节 用矩阵的初等行变换解线性方程组

在引进矩阵的初等行变换的概念之前,我们先看一个具体的例子.

**例 7-1** 用消元法解线性方程组

$$\begin{cases} x_2 + x_3 = 2, & (1) \\ 2x_1 + 3x_2 + 2x_3 = 5, & (2) \\ 3x_1 + x_2 - x_3 = -1. & (3) \end{cases}$$

**解** 交换方程(1)与方程(2)的位置得到同解方程组

$$\begin{cases} 2x_1 + 3x_2 + 2x_3 = 5, & (4) \\ x_2 + x_3 = 2, & (5) \\ 3x_1 + x_2 - x_3 = -1, & (6) \end{cases}$$

方程(4)乘以 $-\dfrac{3}{2}$ 加到方程(6)上得到同解方程组

$$\begin{cases} 2x_1 + 3x_2 + 2x_3 = 5, & (7) \\ x_2 + x_3 = 2, & (8) \\ -\dfrac{7}{2}x_2 - 4x_3 = -\dfrac{17}{2}, & (9) \end{cases}$$

方程(8)乘以 $\dfrac{7}{2}$ 加到方程(9)上得到同解方程组

$$\begin{cases} 2x_1 + 3x_2 + 2x_3 = 5, & (10) \\ x_2 + x_3 = 2, & (11) \\ -\dfrac{1}{2}x_3 = -\dfrac{3}{2}, & (12) \end{cases}$$

方程(12)乘以 $-2$ 得到同解方程组

$$\begin{cases} 2x_1 + 3x_2 + 2x_3 = 5, & (13) \\ x_2 + x_3 = 2, & (14) \\ x_3 = 3, & (15) \end{cases}$$

将 $x_3, x_2$ 分别回代,容易解得此方程组的解为

$$\begin{cases} x_1 = 1, \\ x_2 = -1, \\ x_3 = 3. \end{cases}$$

总结上面的解题过程,消元法其实就是对方程组中的方程应用了以下三种变换:

(1) 交换两个方程的位置;

(2) 某一个方程乘以非零数 $k$;

(3) 某一个方程乘以 $k$ 后加到另一个方程中去.

这三种变换的特点是变换前后的方程组具有相同的解,原方程组经过若干次变换后,变成相对简单的方程组,从而得到方程组的解.

如果把方程组

$$\begin{cases} a_{11}x_1 + a_{12}x_2 + \cdots + a_{1n}x_n = b_1, \\ a_{21}x_1 + a_{22}x_2 + \cdots + a_{2n}x_n = b_2, \\ \quad\cdots \\ a_{m1}x_1 + a_{m2}x_2 + \cdots + a_{mn}x_n = b_m \end{cases} \tag{7-1}$$

以矩阵

$$\widetilde{A} = \begin{pmatrix} a_{11} & a_{12} & \cdots & a_{1n} & b_1 \\ a_{21} & a_{22} & \cdots & a_{2n} & b_2 \\ \vdots & \vdots & & \vdots & \vdots \\ a_{m1} & a_{m2} & \cdots & a_{mn} & b_m \end{pmatrix}$$

表示（$\widetilde{A}$ 称为方程组(7-1)的**增广矩阵**），则消元法的三种变换就相当于对矩阵的行进行三种变换：

（1）调换矩阵中第 $i$ 行与第 $j$ 行的位置（记为"$r_i \leftrightarrow r_j$"）；

（2）用非零数 $k$ 乘矩阵的第 $i$ 行（记为"$kr_i$"）；

（3）将矩阵的第 $j$ 行各元素乘以 $k$ 后加到第 $i$ 行上去（记为"$r_i + kr_j$"）.

作用于矩阵的这三种变换称为**矩阵的初等行变换**. 由分析可知，如果 $\widetilde{A}_1$ 经过若干次初等行变换后变成了 $\widetilde{A}_2$，则分别以 $\widetilde{A}_1$、$\widetilde{A}_2$ 为增广矩阵的方程组具有完全相同的解.

例 7-1 的解题过程，可以用增广矩阵表示为：

$$\widetilde{A} = \begin{pmatrix} 0 & 1 & 1 & 2 \\ 2 & 3 & 2 & 5 \\ 3 & 1 & -1 & -1 \end{pmatrix} \xrightarrow{r_1 \leftrightarrow r_2} \begin{pmatrix} 2 & 3 & 2 & 5 \\ 0 & 1 & 1 & 2 \\ 3 & 1 & -1 & -1 \end{pmatrix}$$

$$\xrightarrow{r_3 + \left(-\frac{3}{2}\right)r_1} \begin{pmatrix} 2 & 3 & 2 & 5 \\ 0 & 1 & 1 & 2 \\ 0 & -\frac{7}{2} & -4 & -\frac{17}{2} \end{pmatrix}$$

$$\xrightarrow{r_3 + \left(-\frac{7}{2}\right)r_2} \begin{pmatrix} 2 & 3 & 2 & 5 \\ 0 & 1 & 1 & 2 \\ 0 & 0 & -\frac{1}{2} & -\frac{3}{2} \end{pmatrix}$$

$$\xrightarrow{(-2)r_3} \begin{bmatrix} 2 & 3 & 2 & 5 \\ 0 & 1 & 1 & 2 \\ 0 & 0 & 1 & 3 \end{bmatrix},$$

最后一个矩阵所对应的方程组为

$$\begin{cases} 2x_1 + 3x_2 + 2x_3 = 5, \\ x_2 + x_3 = 2, \\ x_3 = 3, \end{cases}$$

可得解为

$$\begin{cases} x_1 = 1, \\ x_2 = -1, \\ x_3 = 3, \end{cases}$$

因此原方程组的解为

$$\begin{cases} x_1 = 1, \\ x_2 = -1, \\ x_3 = 3. \end{cases}$$

以上变换过程中出现的矩阵 $\begin{bmatrix} 2 & 3 & 2 & 5 \\ 0 & 1 & 1 & 2 \\ 0 & 0 & -\dfrac{1}{2} & -\dfrac{3}{2} \end{bmatrix}$ 和

$\begin{bmatrix} 2 & 3 & 2 & 5 \\ 0 & 1 & 1 & 2 \\ 0 & 0 & 1 & 3 \end{bmatrix}$ 称为**行阶梯形矩阵**. 一般地,所谓行阶梯形矩阵,是指

满足下列条件的矩阵:

(1) 各非零行(元素不全为零的行)的首非零元素(即从左起第一个非零元素)的列标随着行标的增大而严格增大;

(2) 如果矩阵有零行(元素全为零的行),那么零行在矩阵的最下方.

例如：$\begin{pmatrix} 3 & 1 & 0 & -3 \\ 0 & 2 & 3 & 4 \\ 0 & 0 & 0 & -1 \\ 0 & 0 & 0 & 0 \end{pmatrix}$是行阶梯形矩阵；而

$\begin{pmatrix} 1 & 0 & 0 & -2 \\ 0 & 1 & 3 & 0 & 4 \\ 0 & 2 & 0 & 1 & 2 \\ 0 & 0 & 1 & 0 & 0 \end{pmatrix}$不是行阶梯形矩阵.

由以上讨论可知，用消元法解方程组的实质，就是通过初等变换把方程组的增广矩阵 $\widetilde{A}$ 化为行阶梯形矩阵，再进行回代便可解出线性方程组.

下面我们再举几个用初等变换解线性方程组的例子.

**例 7-2** 解线性方程组

$$\begin{cases} 2x_1 - 3x_2 + x_3 + x_4 = 1, \\ x_1 - 2x_2 + 3x_3 - 4x_4 = 5, \\ 3x_1 - 5x_2 + 4x_3 - 3x_4 = 6, \\ x_1 - x_2 - 2x_3 + 5x_4 = -4. \end{cases}$$

**解**

$$\widetilde{A} = \begin{pmatrix} 2 & -3 & 1 & 1 & 1 \\ 1 & -2 & 3 & -4 & 5 \\ 3 & -5 & 4 & -3 & 6 \\ 1 & -1 & -2 & 5 & -4 \end{pmatrix} \xrightarrow{r_1 \leftrightarrow r_2} \begin{pmatrix} 1 & -2 & 3 & -4 & 5 \\ 2 & -3 & 1 & 1 & 1 \\ 3 & -5 & 4 & -3 & 6 \\ 1 & -1 & -2 & 5 & -4 \end{pmatrix}$$

$$\xrightarrow[\substack{r_3 + (-3)r_1 \\ r_4 + (-1)r_1}]{r_2 + (-2)r_1} \begin{pmatrix} 1 & -2 & 3 & -4 & 5 \\ 0 & 1 & -5 & 9 & -9 \\ 0 & 1 & -5 & 9 & -9 \\ 0 & 1 & -5 & 9 & -9 \end{pmatrix}$$

$$\xrightarrow[r_4+(-1)r_2]{r_3+(-1)r_2} \begin{pmatrix} 1 & -2 & 3 & -4 & 5 \\ 0 & 1 & -5 & 9 & -9 \\ 0 & 0 & 0 & 0 & 0 \\ 0 & 0 & 0 & 0 & 0 \end{pmatrix},$$

由最后一个矩阵可得到同解方程组

$$\begin{cases} x_1-2x_2+3x_3-4x_4=5, \\ x_2-5x_3+9x_4=-9. \end{cases}$$

由上述方程组的第二个方程可得 $x_2=-9+5x_3-9x_4$,再将此式回代到第一个方程,即得到原方程组的解

$$\begin{cases} x_1=-13+7x_3-14x_4, \\ x_2=-9+5x_3-9x_4. \end{cases}$$

本例的解的表达式中,$x_3,x_4$ 可以自由取值,我们称它们为**自由未知量**.一般地,含有自由未知量的解的表达式称为**方程组的一般解**.当自由未知量取定值时,就可相应地得到方程组的一个特解.本例中若令 $x_3=0,x_4=0$,则可得到一个特解

$$\begin{cases} x_1=-13, \\ x_2=-9, \\ x_3=0, \\ x_4=0. \end{cases}$$

若令 $x_3=1,x_4=2$,可得到另一个特解

$$\begin{cases} x_1=-34, \\ x_2=-22, \\ x_3=1, \\ x_4=2. \end{cases}$$

等等.由此可见,本方程组有无穷多组解.

**例 7-3**　解线性方程组

$$\begin{cases} 4x_1+2x_2-x_3=2, \\ 3x_1-x_2+2x_3=10, \\ 11x_1+3x_2=8. \end{cases}$$

**解**

$$\tilde{A} = \begin{pmatrix} 4 & 2 & -1 & 2 \\ 3 & -1 & 2 & 10 \\ 11 & 3 & 0 & 8 \end{pmatrix} \xrightarrow{r_1+(-1)r_2} \begin{pmatrix} 1 & 3 & -3 & -8 \\ 3 & -1 & 2 & 10 \\ 11 & 3 & 0 & 8 \end{pmatrix}$$

$$\xrightarrow[r_3+(-11)r_1]{r_2+(-3)r_1} \begin{pmatrix} 1 & 3 & -3 & -8 \\ 0 & -10 & 11 & 34 \\ 0 & -30 & 33 & 96 \end{pmatrix}$$

$$\xrightarrow{r_3+(-3)r_2} \begin{pmatrix} 1 & 3 & -3 & -8 \\ 0 & -10 & 11 & 34 \\ 0 & 0 & 0 & -6 \end{pmatrix},$$

最后一个矩阵所对应的方程组为

$$\begin{cases} x_1+3x_2-3x_3=-8, \\ -10x_2+11x_3=34, \\ 0=-6. \end{cases}$$

第三个方程为矛盾方程，故原方程组无解.

综合上述三个例子，可以得到：

用初等变换把线性方程组(7-1)的增广矩阵化为行阶梯形矩阵过程中，如果出现有$(0\ 0\ \cdots\ 0\ d),d\neq0$的行时，则方程组(7-1)无解(例 7-3)；如果不出现这种情况，则方程组有解. 在有解的情况下，如果非零行的行数等于未知量的个数，则方程组有唯一解(例 7-1)，非零行的行数小于未知量的个数，则方程组有无穷多解(例 7-2).

**例 7-4**　设有线性方程组 $\begin{cases} x_1+x_2+kx_3=1, \\ x_1+2x_2+3x_3=4, \\ x_1+x_2+k^2x_3=k, \end{cases}$ 问 $k$ 为何值时，方程组有解？$k$ 为何值时，方程组无解？

**解**

$$\tilde{A} = \begin{pmatrix} 1 & 1 & k & 1 \\ 1 & 2 & 3 & 4 \\ 1 & 1 & k^2 & k \end{pmatrix} \xrightarrow[r_3+(-1)r_1]{r_2+(-1)r_1} \begin{pmatrix} 1 & 1 & k & 1 \\ 0 & 1 & 3-k & 3 \\ 0 & 0 & k^2-k & k-1 \end{pmatrix},$$

（1）当 $k^2 - k \neq 0$ 时，即 $k \neq 0$ 且 $k \neq 1$ 时，阶梯形矩阵中非零行的行数与未知数的个数都是 3，故方程组有唯一解；

（2）当 $k = 1$ 时，阶梯形矩阵中非零行的行数小于未知数的个数，且无 $(0\ 0\ 0\ d)$，$d \neq 0$ 行，故方程组有无穷多个解；

（3）当 $k = 0$ 时，阶梯形矩阵中最后一行为 $(0\ 0\ 0\ -1)$，故方程组无解.

# 第二节　齐次线性方程组的解

对于线性方程组（7-1），如果右边的常数项 $b_1 = b_2 = \cdots = b_m = 0$，即

$$
\begin{cases}
a_{11}x_1 + a_{12}x_2 + \cdots a_{1n}x_n = 0, \\
a_{21}x_1 + a_{22}x_2 + \cdots a_{2n}x_n = 0, \\
\quad\quad\quad \vdots \\
a_{m1}x_1 + a_{m2}x_2 + \cdots a_{mn}x_n = 0,
\end{cases} \tag{7-2}
$$

我们称此方程组为**齐次线性方程组**.

对于齐次线性方程组，由于 $x_1 = x_2 = \cdots = x_n = 0$ 必是它的解，因此它的解有两种可能：有唯一的零解或有非零解.

要解齐次线性方程组，自然还是可以用初等变换将增广矩阵化为行阶梯形矩阵进行求解. 在用行初等变换求解齐次线性方程组的过程中，由于齐次线性方程组的增广矩阵最后一列始终为零，因此最后一列可省略不写，只要对方程组的系数矩阵写出行变换过程即可.

**解 7-5**　解线性方程组 $\begin{cases} x_1 - x_2 + x_3 = 0, \\ 3x_1 - 2x_2 + x_3 = 0, \\ 3x_1 - x_2 + 5x_3 = 0, \\ -2x_1 + 2x_2 + 3x_3 = 0. \end{cases}$

**解**

$$A=\begin{pmatrix} 1 & -1 & 1 \\ 3 & -2 & 1 \\ 3 & -1 & 5 \\ -2 & 2 & 3 \end{pmatrix} \xrightarrow[r_4+2r_1]{\substack{r_2+(-3)r_1 \\ r_3+(-3)r_1}} \begin{pmatrix} 1 & -1 & 1 \\ 0 & 1 & -2 \\ 0 & 2 & 2 \\ 0 & 0 & 5 \end{pmatrix}$$

$$\xrightarrow{r_3+(-2)r_2} \begin{pmatrix} 1 & -1 & 1 \\ 0 & 1 & -2 \\ 0 & 0 & 6 \\ 0 & 0 & 5 \end{pmatrix} \xrightarrow{r_4+\left(-\frac{5}{6}\right)r_3} \begin{pmatrix} 1 & -1 & 1 \\ 0 & 1 & -2 \\ 0 & 0 & 6 \\ 0 & 0 & 0 \end{pmatrix},$$

最后一个矩阵所对应的方程组即为

$$\begin{cases} x_1-x_2+x_3=0, \\ x_2-2x_3=0, \\ 6x_3=0, \end{cases}$$

易解得方程组只有零解,即

$$\begin{cases} x_1=0, \\ x_2=0, \\ x_3=0. \end{cases}$$

**例 7-6**　解线性方程组 $\begin{cases} x_1+x_2+x_3+x_4+x_5=0, \\ 3x_1+2x_2+x_3-3x_5=0, \\ x_2+2x_3+3x_4+6x_5=0, \\ 5x_1+4x_2+3x_3+2x_4+6x_5=0. \end{cases}$

**解**

$$A=\begin{pmatrix} 1 & 1 & 1 & 1 & 1 \\ 3 & 2 & 1 & 0 & -3 \\ 0 & 1 & 2 & 3 & 6 \\ 5 & 4 & 3 & 2 & 6 \end{pmatrix} \xrightarrow[r_4+(-5)r_1]{r_2+(-3)r_1} \begin{pmatrix} 1 & 1 & 1 & 1 & 1 \\ 0 & -1 & -2 & -3 & -6 \\ 0 & 1 & 2 & 3 & 6 \\ 0 & -1 & -2 & -3 & 1 \end{pmatrix}$$

$$\xrightarrow[r_4+(-1)r_2]{r_3+1r_2} \begin{pmatrix} 1 & 1 & 1 & 1 & 1 \\ 0 & -1 & -2 & -3 & -6 \\ 0 & 0 & 0 & 0 & 0 \\ 0 & 0 & 0 & 0 & 7 \end{pmatrix} \xrightarrow[r_3 \leftrightarrow r_4]{(-1)r_2} \begin{pmatrix} 1 & 1 & 1 & 1 & 1 \\ 0 & 1 & 2 & 3 & 6 \\ 0 & 0 & 0 & 0 & 7 \\ 0 & 0 & 0 & 0 & 0 \end{pmatrix},$$

最后一个矩阵所对应的方程组即为

$$\begin{cases} x_1 + x_2 + x_3 + x_4 + x_5 = 0, \\ x_2 + 2x_3 + 3x_4 + 6x_5 = 0, \\ 7x_5 = 0, \end{cases}$$

易解得此方程组的解为

$$\begin{cases} x_1 = x_3 + 2x_4, \\ x_2 = -2x_3 - 3x_4, \quad x_3, x_4 \text{ 为自由变量}, \\ x_5 = 0. \end{cases}$$

# 习　题　七

解线性方程组：

$$(1) \begin{cases} x_1 - x_2 + 3x_3 = -8, \\ 2x_1 + 3x_2 + x_3 = 4, \\ x_1 + 2x_2 - 3x_3 = 13, \\ 3x_1 - x_2 + 2x_3 = -1; \end{cases}$$

$$(2) \begin{cases} 2x_1 - 3x_2 + x_3 + 5x_4 = 6, \\ -3x_1 + x_2 + 2x_3 - 4x_4 = 5, \\ -x_1 - 2x_2 + 3x_3 + x_4 = 11; \end{cases}$$

$$(3) \begin{cases} 2x_1 + x_2 - x_3 + x_4 = 1, \\ 3x_1 - 2x_2 + 2x_3 - 3x_4 = 2, \\ 5x_1 + x_2 - x_3 + 2x_4 = -1, \\ 2x_1 - x_2 + x_3 - 3x_4 = 4; \end{cases}$$

$$(4) \begin{cases} x_1 - 2x_2 + 3x_3 - 4x_4 = 4, \\ x_2 - x_3 + x_4 = -3, \\ x_1 + 3x_2 - 3x_4 = 1, \\ -7x_2 + 3x_3 + x_4 = -3; \end{cases}$$

$$(5) \begin{cases} x_1 + 2x_2 + x_3 - x_4 = 0, \\ 3x_1 + 6x_2 - x_3 - 3x_4 = 0, \\ 5x_1 + 10x_2 + x_3 - 5x_4 = 0; \end{cases}$$

$$(6) \begin{cases} 2x_1 + 3x_2 - x_3 + 5x_4 = 0, \\ 3x_1 + x_2 + 2x_3 - 7x_4 = 0, \\ 4x_1 + x_2 - 3x_3 + 6x_4 = 0, \\ x_1 - 2x_2 + 4x_3 - 7x_4 = 0. \end{cases}$$

# 第三部分  概率统计初步

　　人类社会与自然界所发生的现象不外乎两种：确定性现象和随机现象。所谓确定性现象，就是在一定条件下必然发生的现象，例如，纯水在标准大气压下加热到 100℃ 必然沸腾；所谓随机现象，就是在一定条件下可能发生也可能不发生的现象，例如，"在 1 分钟内某电话总机至少接到 5 次呼叫"是随机现象。

　　随机现象是比确定性现象更普遍的客观现象，随机现象在个别试验中发生的结果呈现偶然性，但是在大量重复独立试验中其发生的结果具有统计规律性，概率论与数理统计是研究和揭示随机现象统计规律性的一门数学学科。

　　目前，概率统计在气象预报、产品质量管理、经济数据分析等自然科学、社会科学的几乎所有领域中都有广泛的应用。在本部分中，我们将对随机事件及其概率、正态分布及其应用、统计知识基础等作些初步介绍，为读者在分析随机现象，解决随机问题方面奠定一定的基础。

# 第八章　随机事件及其概率

## 第一节　随机事件之间的关系和运算

### 一、随机试验和样本空间

为研究随机现象,掌握随机现象的统计规律性,需要进行大量的观察或实验.在一定条件下,对随机现象的观察或实验称为**随机试验**.随机试验的结果可能不止一个,试验之前,能够预料试验出现的所有可能结果,但是无法准确预料将发生这些结果中的哪一个.随机试验常用字母 $E$ 表示,或用带有下标的字母 $E_1$,$E_2$,…表示,以区别不同的随机试验.

随机试验的每一个不能再分解的可能结果称为该随机试验的**样本点**,全体样本点组成的集合称为**样本空间**.样本空间常用大写字母 $\Omega$ 表示,而用小写字母 $\omega$ 表示样本点,即

$$\Omega = \{\omega \mid \omega \text{ 为随机试验的样本点}\}.$$

**例 8-1**　随机试验 $E_1$:掷一枚硬币,观察出现哪一面.

我们若把出现币值这一面记作 $\omega_{正}$,以 $\omega_{反}$ 表示出现国徽这一面,那么 $E_1$ 的样本空间为

$$\Omega_1 = \{\omega_{正}, \omega_{反}\}.$$

**例 8-2**　随机试验 $E_2$:接连两次投掷同一枚硬币,观察出现正、反面的情况.

若记

$\omega_{00}$ = "第一次出现正面,第二次也出现正面",

$\omega_{01}$＝"第一次出现正面,第二次出现反面",

$\omega_{10}$＝"第一次出现反面,第二次出现正面",

$\omega_{11}$＝"两次都出现反面",

那么 $E_2$ 的样本空间为

$$\Omega_2=\{\omega_{00},\omega_{01},\omega_{10},\omega_{11}\}.$$

**例 8-3** 随机试验 $E_3$:投掷两枚硬币,观察出现正面的枚数.

易得 $E_3$ 的样本空间为

$$\Omega_3=\{0,1,2\}.$$

**例 8-4** 随机试验 $E_4$:观察某电话交换站在 1 小时内收到用户的呼唤次数.

样本空间为

$$\Omega_4=\{0,1,2,\cdots\}.$$

**例 8-5** 随机试验 $E_5$:某射手连续地向目标进行射击,直至击中为止,观察射击次数.

样本空间为

$$\Omega_5=\{1,2,3,\cdots\}.$$

**例 8-6** 随机试验 $E_6$:在均匀陀螺的圆周上均匀地刻上区间 $[0,3)$ 上的诸数,旋转陀螺,观察当陀螺停下时圆周与桌面接触处的刻度.

样本空间为

$$\Omega_6=\{x\,|\,0\leqslant x<3\}.$$

**例 8-7** 随机试验 $E_7$:对半身靶进行射击,观察弹落点的位置.

若以靶心作为原点建立直角坐标系,那么

$$\Omega_7=\{(x,y)\,|\,-\infty<x<+\infty,-\infty<y<+\infty)\}.$$

**二、随机事件**

我们用样本空间的概念来定义随机事件.

在上述例 8-1 中,若记试验结果 $A$＝"出现币值面朝上",则 $A=\{\omega_{正}\}$,它是样本空间 $\Omega_1$ 的子集,而且是由一个样本点组成的单元素集.

在例 8-2 中,若记试验结果 $B$＝"第一次出现正面",则

$B=\{\omega_{00},\omega_{01}\}$是样本空间 $\Omega_2$ 的一个子集,事件 $B$ 发生等价于试验结果 $\omega_{00}$ 和 $\omega_{01}$ 中至少有一个发生.

一般地,称样本空间的某个子集为**随机事件**,简称**事件**.特别地,称样本空间的单元素集为**基本事件**.随机事件通常用大写字母 $A,B,C,\cdots$ 表示.

在例 8-2 中, $C=\{\omega_{00},\omega_{01},\omega_{10}\}\subset\Omega_2$ 是随机事件,它表示接连两次投掷一枚硬币,"至少有一次出现正面"的事件.

样本空间 $\Omega$ 本身所表示的事件称为**必然事件**,空集 $\varnothing$ 表示的事件称为不可能事件.

上述例 8-6 中,陀螺停下时,"圆周与桌面接触点的刻度小于 3"是必然事件,而"接触点的刻度是负数"是不可能事件.

必然事件与不可能事件是随机事件中的特例.

**三、随机事件之间的关系和运算**

伴随着随机试验而出现的随机事件一般不止一个,在实际问题中,我们往往需要同时研究若干个事件以及这些事件间的联系.由于随机事件是样本空间的子集,是一些样本点组成的集合,因而事件之间具有与集合类似的关系和运算.

1. 子事件与相等事件

若事件 $A$ 发生必然导致事件 $B$ 发生,则称 $A$ 是 $B$ 的子事件,记作 $A\subset B$.

若 $A\subset B$,且 $B\subset A$,即 $A$ 与 $B$ 互为子事件,则称 $A$ 与 $B$ 为相等事件,记作 $A=B$.

2. 和事件与积事件

由"事件 $A$ 和事件 $B$ 中至少有一个发生"所构成的事件,称为 $A$ 与 $B$ 的和事件,记作 $A\cup B$,或 $A+B$;

由"事件 $A$ 与 $B$ 同时发生"所构成的事件称为 $A$ 与 $B$ 的积事件,记作 $A\cap B$,或 $AB$.

和事件与积事件的概念可以推广到有限个或可列个事件组成的事件组中:

$A=\bigcup\limits_{i=1}^{n}A_i$（或 $\sum\limits_{i=1}^{n}A_i$）表示由"事件组 $A_1,A_2,\cdots,A_n$ 中至少有一个发生"所组成的事件；$A'=\bigcup\limits_{i=1}^{\infty}A_i$（或 $\sum\limits_{i=1}^{\infty}A_i$）表示由"事件组 $A_1,A_2,\cdots,$ $A_n,\cdots$中至少有一个发生"所构成的事件.

$B=\bigcap\limits_{i=1}^{n}B_i$ 或（$\prod\limits_{i=1}^{n}B_i$）表示由"事件组 $B_1,B_2,\cdots,B_n$ 中各事件同时发生"所构成的事件；$B'=\bigcap\limits_{i=1}^{\infty}B_i$ 或（$\prod\limits_{i=1}^{\infty}B_i$）表示由"事件组 $B_1,B_2,\cdots,$ $B_n,\cdots$中各事件同时发生"所构成的事件.

**3. 差事件**

由"事件 $A$ 发生而事件 $B$ 不发生"所构成的事件称为 $A$ 与 $B$ 的差事件，记作 $A-B$.

**4. 互不相容事件与互逆事件**

若事件 $A$ 与 $B$ 不可能同时发生，即 $AB=\varnothing$，则称事件 $A$ 与 $B$ 为互不相容事件（或互斥事件）.

如果事件组 $A_1,A_2,\cdots,A_n,\cdots$中的任意两个事件互不相容，则称其为互不相容事件组.

显然，随机试验 $E$ 的基本事件组是互不相容的.

若事件 $A$ 与 $B$ 中必发生，且仅发生其一，即 $A$ 与 $B$ 的和事件是必然事件，积事件是不可能事件：

$$A\cup B=\Omega,A\cap B=\varnothing,$$

则称事件 $A$ 与 $B$ 为互逆事件（或对立事件）.

显然，若 $A$ 与 $B$ 互逆，则 $A$ 与 $B$ 必定互不相容，反之未必.

如果 $A$ 与 $B$ 为互逆事件，则可记 $B=\overline{A}$，并称 $\overline{A}$ 为 $A$ 的逆事件.

事件间的关系与运算可以用韦恩图表示，如图 8-1，其中矩形表示样本空间 $\Omega$，圆形 $A,B$ 分别表示事件 $A,B$，而阴影部分表示运算之后得到的事件.

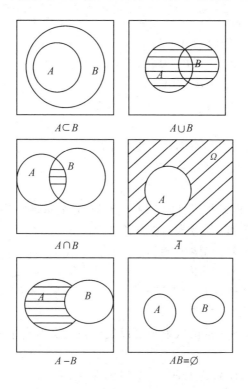

图 8-1

**例 8-8**　在验收某圆柱形产品时,规定产品的高度和直径都符合规定的尺寸时才算合格,现从该批产品中任取一件产品,记事件 $A$＝"高度合格",$B$＝"直径合格",$C$＝"合格品",则有

$$C \subset A,$$

$$C = A \cap B,$$

$$\overline{C} = \overline{A} \cup \overline{B},$$

即 $C$ 是 $A$ 的子事件,也是 $A$ 与 $B$ 的积事件,而 $\overline{C}$ 是 $\overline{A}$ 与 $\overline{B}$ 的和事件.

事件间的关系与运算具有如下性质和运算律:

(1) 若 $A \subset B$,$B \subset C$,则 $A \subset C$;

(2) $\overline{\overline{A}}=A$；

(3) $A\overline{B}=A-B=A-AB$；

(4) 交换律　$A+B=B+A$，

　　　　　　$AB=BA$；

(5) 结合律　$A+(B+C)=(A+B)+C$，

　　　　　　$(AB)C=A(BC)$；

(6) 分配律　$(A+B)C=AC+BC$；

(7) 德摩根定律　$\overline{A+B}=\overline{A}\cdot\overline{B}$，

　　　　　　　　$\overline{AB}=\overline{A}+\overline{B}$.

**例 8-9**　向某指定目标连射三枪,以 $A_i$ 表示事件"第 $i$ 枪击中目标", $i=1,2,3$. 试以 $A_i$ 表示以下各事件:

(1) $A=$ "只击中第一枪"；

(2) $B=$ "击中两枪"；

(3) $C=$ "至少击中一枪".

**解**　(1) $A=A_1\overline{A}_2\overline{A}_3$；

(2) 击中目标的两次射击可以发生在三次射击中的任意两次,因此

$$B=A_1A_2\overline{A}_3\bigcup A_1\overline{A}_2A_3\bigcup\overline{A}_1A_2A_3.$$

(3) 由于事件 $C$ 也可理解为"第一、二、三枪中至少有一枪击中",即事件 $A_1,A_2,A_3$ 中至少有一个发生,因而

$$C=A_1\bigcup A_2\bigcup A_3.$$

如果从逆事件的角度考虑问题,那么事件 $C$ 是"三枪都不中"的逆事件,于是

$$C=\overline{\overline{A}_1\,\overline{A}_2\,\overline{A}_3}.$$

## 第二节　随机事件的概率

随机事件在一次试验中可能发生,也可能不发生,有的事件发生

的可能性大,而有的事件发生的可能性小,随机事件的概率就是用来描述随机事件发生的可能性大小的一个数值,它是概率统计中最基本的概念.在概率论的发展过程中,人们针对不同的情况,从不同的角度,给出了随机事件概率的定义与计算概率的方法.本节先叙述特殊情况下随机事件的概率,再给出概率的具有广泛意义的公理化定义.

**一、古典概率**

若随机事件 $E$ 的样本空间

$$\Omega = \{\omega_1, \omega_2, \cdots, \omega_n\}$$

满足:(1) 有限性,即试验所有可能发生的结果只有有限个;

(2) 等可能性,即各基本事件 $\{\omega_1\}, \{\omega_2\}, \cdots, \{\omega_n\}$ 在试验过程中出现的可能性相等.则称 $E$ 是**古典概型的随机试验**,简称**古典概型**.

如果随机事件 $A \subset \Omega$,其中

$$A = \{\omega_{k1}, \omega_{k2}, \cdots, \omega_{kr}\},$$

则定义事件 $A$ 发生的概率为

$$P(A) = \frac{A \text{ 中样本点个数}}{\Omega \text{ 中样本点个数}} = \frac{r}{n}.$$

如此定义的概率称为古典概率.古典概率在概率论的发展史中占有相当重要的地位.按古典概率定义,显然有

$$0 \leqslant P(A) \leqslant 1;$$

$$P(\Omega) = 1, P(\varnothing) = 0;$$

$$P(\overline{A}) = 1 - P(A).$$

**例 8-10**　掷两枚硬币,并规定"币值面朝上"为"正面",事件 $A =$ "出现两个正面",$B =$ "出现一个正面",求 $P(A)$ 和 $P(B)$.

**解**　设样本空间 $\Omega = \{\omega_{00}, \omega_{01}, \omega_{10}, \omega_{11}\}$,其中 $0, 1$ 分别表示出现反面和正面,第 1、第 2 个下标分别表示第一、第二枚掷得的结果,则 $\Omega$ 满足有限性及等可能性,属古典概率.由于

$$A = \{\omega_{11}\}, B = \{\omega_{01}, \omega_{10}\},$$

因此,

$$P(A) = \frac{1}{4},$$

$$P(B) = \frac{2}{4} = \frac{1}{2}.$$

**注** 若将试验看作"观察出现正面的枚数"，那么 $\Omega = \{0, 1, 2\}$.由于基本事件$\{1\}$出现的可能性显然大于其他两个基本事件，即样本空间不满足等可能性，不属古典概型.

**例 8-11** 口袋中有大小相同的 10 只玻璃球，其中 4 只红球 6 只白球、从中任取一球，再取一球，分别求当不放回取球和放回取球时，事件 $A = \{$取得一红一白$\}$的概率 $P(A)$.

**解** 当不放回取球时，

$$P(A) = \frac{C_4^1 C_6^1 + C_6^1 C_4^1}{C_{10}^1 C_9^1} = \frac{8}{15} = 0.5\dot{3},$$

或者

$$P(A) = \frac{C_4^1 C_6^1}{C_{10}^2} = \frac{8}{15} = 0.5\dot{3},$$

这是因为不放回取球等价于从袋中任取 2 个球.

当放回取球时，

$$P(A) = \frac{C_4^1 C_6^1 + C_6^1 C_4^1}{C_{10}^1 C_{10}^1} = \frac{12}{25} = 0.48.$$

可见放回取球和不放回取球，事件的概率是不一样的.但是若在放有 4000 只红球、6000 只白球的大容量口袋中取一球，再取一球，那么事件 $A$ 在放回取球和不放回取球两种情况下的概率 $P(A)$ 差异很小.人们在实际工作中常利用这一点.

**例 8-12** 从装有 90 件正品、10 件次品（共 100 件产品）的口袋中任取 3 件产品，求下列事件发生的概率：

$A_1 = \{$没有次品$\}$；

$A_2 = \{$恰有两件次品$\}$；

$A_3 = \{$至多有两件次品$\}$；

$A_4 = \{$至少有一件次品$\}$.

**解** 样本空间中基本事件的个数

$$n = C_{100}^3,$$

于是

$$P(A_1) = \frac{C_{90}^3}{C_{100}^3} \approx 0.73,$$

$$P(A_2) = \frac{C_{90}^1 C_{10}^2}{C_{100}^3} \approx 0.025,$$

$$P(A_3) = \frac{C_{90}^3 + C_{90}^2 C_{10}^1 + C_{90}^1 C_{10}^2}{C_{100}^3} \approx 0.999,$$

$$P(A_4) = \frac{C_{90}^2 C_{10}^1 + C_{90}^1 C_{10}^2 + C_{10}^3}{C_{100}^3} \approx 0.27,$$

或

$$P(A_4) = 1 - P(\bar{A}_4) = 1 - \frac{C_{90}^3}{C_{100}^3} \approx 0.27.$$

**例 8-13**(抽签问题) 设有 $m$ 张球票,$n(n>m)$ 个人争着要看球,为此做了 $n$ 张签,其中 $m$ 张标有获得球票的特殊记号. $n$ 个人依次抽取,每人取一张,取后不放回,求第 $k(k=1,2,\cdots,n)$ 个抽签者抽得球票的概率.

**解** 将 $n$ 张签全部抽出,抽法共有 $n!$ 种,而"第 $k$ 个抽签者中签"的情形共有 $m(n-1)!$ 种,因此,所求概率为

$$p = \frac{m(n-1)!}{n!} = \frac{m}{n}.$$

本例结果与 $k$ 无关,这正好符合人们的抽签常识,先抽后抽都一样,机会均等.

**二、几何概率**

古典概型要求样本空间具有有限性和等可能性. 在几何概型中我们将借助于几何度量(长度、面积、体积等)计算事件的概率. 几何概型的样本空间是无限集,但是仍然具有某种等可能性.

设 $\Omega$ 是可以度量的有界区域,其度量值 $\mu(\Omega)$ 为正数(当 $\Omega$ 分别是数轴上的线段,平面上的区域和空间中的立体时,$\mu(\Omega)$ 分别表示

$\Omega$ 的长度、面积和体积). 如果随机试验 $E$ 可看作"向区域 $\Omega$ 内随机地投点",区域 $A \subset \Omega$,且随机点落入区域 $A$ 的可能性大小与 $A$ 的度量值 $\mu(A)$ 成正比,而与 $A$ 的形状和位置无关,则称 $E$ 为**几何概型的随机试验**,简称**几何概型**.

设几何概型的样本空间为 $\Omega$, $A \subset \Omega$,则事件 $A = $"随机点落入区域 $A$"发生的概率定义为

$$P(A) = \frac{\mu(A)}{\mu(\Omega)},$$

这样定义的概率称为**几何概率**.

按几何概率的定义,显然有

$$0 \leqslant P(A) \leqslant 1; P(\Omega) = 1; P(\varnothing) = 0.$$

**例 8-14** 在陀螺的圆周上均匀地刻上区间 $[0,3)$ 内诸数字,旋转陀螺,求当陀螺停下时圆周与桌面接触处的刻度在 $\left(\frac{1}{2}, \frac{3}{2}\right)$ 内的概率.

**解** 本试验可看作向数轴上的区间 $[0,3)$ 上随机地投点,属几何概型. 记所求事件为 $A$,则

$$P(A) = \frac{\mu\left(\frac{1}{2}, \frac{3}{2}\right)}{\mu[0,3)} = \frac{1}{3}.$$

**例 8-15**(会面问题) 甲、乙两人相约在中午 12 点到下午 1 点间在预定地点会面,先到者等候后到者,并约定等 20 分钟. 假设他们在规定时间内的任意时刻到达预定地点是等可能的,求两人会面的概率.

**解** 不妨设两人在时间区间 $[0,60]$ 内到预定点会面. 以 $x,y$ 分别表示甲、乙两人到预定点的时刻,则 $(x,y)$ 为一个试验结果,其中 $0 \leqslant x \leqslant 60, 0 \leqslant y \leqslant 60$,于是样本空间

$$\Omega = \{(x,y) \mid 0 \leqslant x \leqslant 60, 0 \leqslant y \leqslant 60\},$$

因为两人会面的充分必要条件是 $|x - y| \leqslant 20$,于是所求事件 $A$ 可表示为

$$A = \{(x,y) \mid |x-y| \leqslant 20\}$$

（图 8-2 中的阴影部分），于是

$$P(A) = \frac{\mu(A)}{\mu(\Omega)} = \frac{60 \times 60 - (60-20)^2}{60 \times 60} = \frac{5}{9}.$$

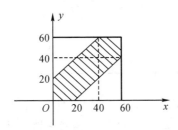

图 8-2

### 三、统计概率

古典概率与几何概率都是以等可能性作为基础的,而一般的随机试验不一定存在这样的等可能性,统计概率能在一定程度上弥补该缺陷.

若在相同条件下,重复独立地进行了 $n$ 次试验,其中事件 $A$ 发生了 $\mu$ 次,则称比值 $\frac{\mu}{n}$ 为事件 $A$ 在这 $n$ 次试验中出现的**频率**,记作 $W(A)$,即

$$W(A) = \frac{\mu}{n},$$

其中,$\mu$ 称为事件 $A$ 出现的**频数**.

例如,在相同条件下作 100 次抛掷一枚硬币的试验,其中 $A=$"币值面朝上"出现了 49 次,那么

$$n=100, \quad \mu=49,$$

$A$ 在这 100 次试验中出现的频率

$$W(A) = \frac{49}{100} = 0.49.$$

历史上，不少统计学家作过成千上万次抛掷硬币的试验，德摩根等人的试验结果如下表：

| 实验者 | 抛掷次数 $n$ | $A$ 出现的次数 $\mu$ | 频率 $W(A)$ |
|---|---|---|---|
| 德摩根（De Morgan） | 2048 | 1061 | 0.518 |
| 布丰（Buffon） | 4040 | 2048 | 0.5069 |
| 皮尔逊（Pearson） | 12000 | 6019 | 0.5016 |
| 皮尔逊（Pearson） | 24000 | 12012 | 0.5005 |

从表中可以看出，当 $n$ 较大时，事件 $A$ 发生的频率在 0.5 附近波动，并且试验次数 $n$ 越大，频率的波动性越小，呈现出一种稳定性，稳定于常数 0.5.

现实生活中，频率稳定性的例子很多，例如世界人口统计中发现"出生男孩"这一事件的频率稳定于常数 $\dfrac{22}{43}$，等等.

随机事件发生的频率具有稳定性是客观规律，其稳定值可以通过多次独立重复试验，利用统计方法估计出来，因而可以通过频率来定义概率.

将试验 $E$ 重复独立地进行 $n$ 次，如果当 $n$ 很大时，事件 $A$ 发生的频率 $W(A) = \dfrac{\mu}{n}$ 稳定地在某值 $p$ 附近波动，而且，一般地，$n$ 越大这种波动的幅度越小，则称 $p$ 为事件 $A$ 发生的概率，即

$$P(A) = p.$$

简单地说，事件 $A$ 发生的频率的稳定值称为 $A$ 发生的概率.

这样定义的概率称为统计概率. 统计概率反映了随机事件出现的偶然性中的必然性.

当概率不易求出时，往往可取频率作为概率的近似值.

统计概率同样存在缺点，因为当 $n$ 很大时，很难保证每次试验的条件都完全一样. 再说，$n$ 究竟应该大到怎样的程度，所谓的"波动"、"稳定"应该如何理解，定义中都没有确切的说明. 近代数学家们在集

合论的基础上引入了既包含特殊的古典概率、几何概率、统计概率，又具有更广泛意义的概率的公理化定义.

**四、概率的公理化定义**

古典概率、几何概率和统计概率虽然都比较直观，但在理论上不够严密，数学家们提出一组关于随机事件的公理，用公理定义随机事件发生的概率.

**公理 1**　对于任一事件 $A$，有 $0 \leqslant P(A) \leqslant 1$；

**公理 2**　$P(\Omega) = 1, P(\varnothing) = 0$；

**公理 3**　对于互不相容事件组 $A_1, A_2, \cdots, A_n, \cdots$，有

$$P(\bigcup_{i=1}^{\infty} A_i) = P(A_1) + P(A_2) + \cdots + P(A_n) + \cdots = \sum_{i=1}^{\infty} P(A_i).$$

**定义**　设 $P(A)$ 为一切随机事件组成的集合上的一个函数，而且满足上述公理 1，2，3，则称函数 $P(A)$ 为随机事件 $A$ 发生的概率.

由概率的三条公理，可以推导出关于概率的一些基本性质.

**性质 1**　对于互不相容事件组 $A_1, A_2, \cdots, A_n$，有

$$P(\bigcup_{i=1}^{n} A_i) = \sum_{i=1}^{n} P(A_i).$$

**证明**　在公理 3 中令

$$A_{n+1} = A_{n+2} = \cdots = \varnothing,$$

并注意到 $P(\varnothing) = 0$，即可得到.

**性质 2**　$P(A) = 1 - P(\bar{A})$.

**证明**　由于 $A$ 与 $\bar{A}$ 互不相容，并且 $A \cup \bar{A} = \Omega$，于是

$$P(A \cup \bar{A}) = P(A) + P(\bar{A}) = 1,$$

因而

$$P(A) = 1 - P(\bar{A}).$$

**性质 3**　设 $B \subset A$，则

$$P(A - B) = P(A) - P(B).$$

**证明**　当 $B \subset A$ 时，$B$ 与 $A - B$ 互不相容，并且 $A = B \cup (A - B)$，因而

$$P(A)=P(B)+P(A-B),$$

即

$$P(A-B)=P(A)-P(B).$$

**推论 1**　当 $B \subset A$ 时，$P(B) \leqslant P(A)$.

**推论 2**　$P(A-B)=P(A)-P(AB)$.

**证明**　因为　$A-B=A-AB$，且 $AB \subset A$，因而

$$P(A-B)=P(A)-P(AB).$$

**性质 4**　$P(A \cup B)=P(A)+P(B)-P(AB)$.

**证明**　因为 $A$ 与 $B-AB$ 互不相容，且

$$A \cup B=A \cup (B-AB),$$

因而

$$P(A \cup B)=P(A)+P(B-AB)=P(A)+P(B)-P(AB).$$

**推论**　$P(A \cup B \cup C)=P(A)+P(B)+P(C)$

$$-P(AB)-P(BC)-P(AC)+P(ABC).$$

本推论请读者自己证明.

**例 8-16**　设 $P(A)=0.7$，$P(B)=0.6$，$P(A \cup B)=0.9$，求：
(1) $P(AB)$；(2) $P(A\bar{B})$；(3) $P(\bar{A} \cup \bar{B})$.

**解**　(1) 由性质 4，

$$P(AB)=P(A)+P(B)-P(A \cup B)$$

$$=0.7+0.6-0.9=0.4；$$

(2) $P(A\bar{B})=P(A-B)$

$$=P(A)-P(AB)=0.7-0.4=0.3；$$

(3) $P(\bar{A} \cup \bar{B})=P(\overline{AB})$

$$=1-P(AB)=1-0.4=0.6.$$

**例 8-17**　某市有 40% 户居民订晚报，有 80% 户居民订日报，30% 户居民既订晚报也订日报，求该市订报户概率 $p_1$ 和订晚报但是不订日报户的概率 $p_2$.

**解**　在该市居民中任取一户人家，记 $A=$“订晚报”，$B=$“订日报”，则由已知

$$P(A) = 0.4, \ P(B) = 0.8, \ P(AB) = 0.3.$$

于是,所求概率为

$$p_1 = P(A \bigcup B) = P(A) + P(B) - P(AB)$$
$$= 0.4 + 0.8 - 0.3 = 0.9;$$

$$p_2 = P(A\overline{B}) = P(A - B) = P(A) - P(AB)$$
$$= 0.4 - 0.3 = 0.1.$$

## 第三节　概率的乘法公式、全概率公式和贝叶斯公式

### 一、条件概率和概率的乘法公式

在许多情况下,我们往往要解决已知事件 $B$ 已发生的条件下,求事件 $A$ 发生的概率,因为增加了"事件 $B$ 已发生"的新条件,所以称这种概率为**事件 $B$ 已发生下事件 $A$ 发生的条件概率**,记作 $P(A|B)$. 一般,事件 $A$ 发生的条件概率 $P(A|B)$ 与普通概率 $P(A)$ 并不相等.

**例 8-18** 某玩具厂的男女职工数,熟练工人和非熟练工人数如下表所示:

|  | 熟练工人 | 非熟练工人 | 总计 |
|---|---|---|---|
| 女职工 | 210 | 90 | 300 |
| 男职工 | 160 | 40 | 200 |
| 合计 | 370 | 130 | 500 |

现从该企业中任选一名职工,求:

(1) 该职工为非熟练工人的概率 $p_1$;

(2) 若已知选出的是女职工,她是非熟练工人的概率 $p_2$.

**解**　记事件 $A = $ "选到非熟练工人",

　　　$B = $ "选到女职工",

则

（1）$P(A)=\dfrac{130}{500}=\dfrac{13}{50}$,

这是一般的古典概率问题,是普通概率.

（2）概率 $p_2$ 为已知被选出的是女职工的条件下,选到非熟练工的条件概率 $P(A|B)$.

由于已知选出的是女职工,那么男职工可以排除在外,"$B$ 发生条件下的事件 $A$"相当于在全部女职工中任选一人,并选出了非熟练工人,因此所求概率

$$p_2=P(A|B)=\frac{女职工中非熟练工人数}{女职工总人数}=\frac{90}{300}=\frac{3}{10}$$

或

$$P(A|B)=\frac{90}{300}=\frac{\dfrac{90}{500}}{\dfrac{300}{500}}=\frac{P(AB)}{P(B)}.$$

对于古典概型来说,设某试验 $E$ 的样本空间 $\Omega=\{\omega_1,\omega_2,\cdots,\omega_n\}$,$A$ 中含有 $\mu_A$ 个样本点,$B$ 中含有 $\mu_B$ 个样本点,$AB$ 中含有 $\mu_{AB}$ 个样本点,则事件 $B$ 发生条件下事件 $A$ 发生的概率,应以 $B$ 包含的样本点个数 $\mu_B$ 作为样本点总数,得到

$$P(A|B)=\frac{\mu_{AB}}{\mu_B}=\frac{\dfrac{\mu_{AB}}{n}}{\dfrac{\mu_B}{n}}=\frac{P(AB)}{P(B)}.$$

一般地,如果 $P(B)\neq0$,我们规定 $B$ 发生的条件下 $A$ 发生的条件概率为

$$P(A|B)=\frac{P(AB)}{P(B)}.$$

**例 8-19**　某单位有 95% 的职工拥有手机或电脑,90% 的职工有手机,20% 的职工有电脑,任选一名职工,记 $A=$"该职工是手机用户",$B=$"该职工拥有电脑",求 $P(A|B)$ 和 $P(B|A)$.

**解**　由已知 $P(A)=0.9,P(B)=0.2,P(A\bigcup B)=0.95$,

那么
$$P(AB) = P(A) + P(B) - P(A \bigcup B)$$
$$= 0.9 + 0.2 - 0.95 = 0.15$$

于是
$$P(A|B) = \frac{P(AB)}{P(B)} = \frac{0.15}{0.2} = 0.75;$$

$$P(B|A) = \frac{P(AB)}{P(A)} = \frac{0.15}{0.9} = 0.\dot{16}.$$

可见,电脑用户多半拥有手机,而手机用户未必拥有电脑.

由条件概率定义,容易得到概率的乘法公式:

当 $P(B) \neq 0$ 时,有
$$P(AB) = P(B)P(A|B),$$

或当 $P(A) \neq 0$ 时,有
$$P(AB) = P(A)P(B|A).$$

即:两个随机事件乘积的概率等于其中一个事件的概率与另一个事件在前一事件已发生条件下的条件概率的乘积.

上述乘法公式容易推广到三个事件乘积的概率:
$$P(ABC) = P(A)P(B|A)P(C|AB),$$

其中,$P(A) \neq 0$,$P(AB) \neq 0$.

**二、全概率公式和贝叶斯公式**

在计算比较复杂事件概率时,往往同时要用到概率的加法公式和乘法公式,下面介绍的全概率公式和贝叶斯公式是加法公式和乘法公式的综合.

设 $A_1, A_2, \cdots, A_n$ 为某一试验的事件组,满足:

(1) $A_i A_j = \varnothing \ (i \neq j)$,

(2) $\sum\limits_{i=1}^{n} A_i = \Omega$,

则称该事件组是完备事件组.

显然完备事件组是互不相容事件组,它们中有且只有一个事件

发生.

**定理**　设 $A_1, A_2, \cdots, A_n$ 是某试验的一个完备事件组，其中 $P(A_i) > 0 (i=1,2,\cdots,n)$，则对任一事件 $B$，有

$$P(B) = P(A_1)P(B \mid A_1) + P(A_2)P(B \mid A_2) + \cdots$$
$$+ P(A_n)P(B \mid A_n)$$
$$= \sum_{i=1}^{n} P(A_i)P(B \mid A_i),$$

该公式称为**全概率公式**.

**证明**　$B = B\Omega = B \sum_{i=1}^{n} A_i = \sum_{i=1}^{n} BA_i,$

因为 $A_1, A_2, \cdots, A_n$ 互不相容，所以 $BA_1, BA_2, \cdots, BA_n$ 也互不相容，由概率的加法公式和乘法公式，得到

$$P(B) = \sum_{i=1}^{n} P(BA_i) = \sum_{i=1}^{n} P(A_i)P(B \mid A_i).$$

全概率公式的作用在于将复杂事件 $B$ 分解成简单事件和的形式，利用全概率公式解题的关键是寻找满足定理条件的完备事件组 $A_1, A_2, \cdots, A_n$，分别计算 $P(A_i)$ 和条件概率 $P(B \mid A_i)$，即可得到事件 $B$ 的概率 $P(B)$.

**例 8-20**　一批零件，其中 $\frac{1}{6}$ 从甲厂进货，$\frac{1}{3}$ 从乙厂进货，$\frac{1}{2}$ 从丙厂进货，已知甲、乙、丙三厂的次品率分别为 $0.03, 0.06$ 和 $0.02$，求这批零件的次品率.

**解**　所求零件的次品率可理解为任取一个零件，得到次品的可能性，它取决于该零件是来自于哪个工厂的. 用 $A_1, A_2, A_3$ 分别表示取得零件是属于甲、乙、丙生产的，用 $B$ 表示取得的是次品，则 $A_1, A_2, A_3$ 必发生且仅发生其一，是完备事件组，且

$$P(A_1) = \frac{1}{6} \ , \ P(A_2) = \frac{1}{3} \ , \ P(A_3) = \frac{1}{2} ;$$

$$P(B \mid A_1) = 0.03 \ , \ P(B \mid A_2) = 0.06 \ , \ P(B \mid A_3) = 0.02.$$

由全概率公式，所求零件的次品率

$$P(B) = P(A_1)P(B|A_1) + P(A_2)P(B|A_2) + P(A_3)P(B|A_3)$$

$$= \frac{1}{6} \times 0.03 + \frac{1}{3} \times 0.06 + \frac{1}{2} \times 0.02 = 0.035.$$

**例 8-21**　若有 10 个签,其中 6 个是数学题,4 个是文学题,某人对数学题有 80% 的把握,对文学题有 90% 的把握,现随机抽一签,求他回答正确的概率.

**解**　回答正确与否的概率取决于抽到的是数学题还是文学题,记:

$A_1 = $"抽到数学题",

$A_2 = $"抽到文学题",

$B = $"回答正确",

由已知

$$P(A_1) = \frac{6}{10}, \; P(A_2) = \frac{4}{10},$$

$$P(B|A_1) = 0.8, \; P(B|A_2) = 0.9,$$

据全概率公式,他回答正确的概率为

$$P(B) = P(A_1)P(B|A_1) + P(A_2)P(B|A_2)$$

$$= \frac{6}{10} \times 0.8 + \frac{4}{10} \times 0.9 = 0.84.$$

从上述例子可以看出,如果把完备事件组 $A_1, A_2, \cdots, A_n$ 看作是事件 $B$ 出现的各种原因,那么 $P(A_i)$ 表示了各原因发生的可能性大小. 在实际问题中,往往可以对以往数据进行统计分析得到概率 $P(A_i)$,因而称 $P(A_i)$ 为**验前概率**. 如果在事件 $B$ 已经发生的前提下,探究由各种原因 $A_i$ 造成的可能性大小,可能性大的,起的作用也大,此可能性即为条件概率 $P(A_i|B)$,称为**验后概率**,下面的贝叶斯公式就是由验前概率推算验后概率的公式.

**定理**　设 $A_1, A_2, \cdots, A_n$ 为某一随机试验的完备事件组,$P(A_i) > 0 \; (i = 1, 2, \cdots, n)$,则对任一事件 $B \; (P(B) > 0)$,在事件 $B$ 已发生的条件下事件 $A_i$ 发生的条件概率为

$$P(A_i \mid B) = \frac{P(A_i)P(B \mid A_i)}{\sum\limits_{j=1}^{n} P(A_j)P(B \mid A_j)} , \quad i = 1,2,\cdots,n,$$

该公式称为**贝叶斯公式**.

**证** 由乘法公式和全概率公式，有

$$P(A_i \mid B) = \frac{P(A_iB)}{P(B)} = \frac{P(A_i)P(B \mid A_i)}{\sum\limits_{j=1}^{n} P(A_j)P(B \mid A_j)}.$$

**例 8-22** 某仓库有一批三个工厂生产的同规格产品,已知一、二、三厂产品数比例为 $5:3:2$,次品率分别是 $\frac{1}{20}, \frac{1}{15}, \frac{1}{12}$. 现从这批产品中任取一件产品,得到的是次品,问它是哪个工厂生产的可能性最大?

**解** 从这批产品中任取一件产品,记

$B=$"取得的是次品",

$A_i=$"取得的产品是第 $i$ 个工厂生产的",$i=1,2,3$.

显然,$A_1,A_2,A_3$ 是完备事件组,由已知

$$P(A_1) = \frac{5}{10} , \quad P(A_2) = \frac{3}{10} , \quad P(A_3) = \frac{2}{10},$$

且

$$P(B|A_1) = \frac{1}{20} , \quad P(B|A_2) = \frac{1}{15} , \quad P(B|A_3) = \frac{1}{12},$$

由贝叶斯公式

$$P(A_1 \mid B) = \frac{P(A_1)P(B \mid A_1)}{\sum\limits_{i=1}^{3} P(A_i)P(B \mid A_i)}$$

$$= \frac{\frac{5}{10} \times \frac{1}{20}}{\frac{5}{10} \times \frac{1}{20} + \frac{3}{10} \times \frac{1}{15} + \frac{2}{10} \times \frac{1}{12}} = \frac{15}{37},$$

同理可得

$$P(A_2 \mid B) = \frac{12}{37}, \quad P(A_3 \mid B) = \frac{10}{37}.$$

可见,该次品是由一工厂生产的可能性最大.

贝叶斯公式在医疗诊断中有比较大的应用.

**例 8-23** 在肝癌诊断中,有一种甲胎蛋白血清检验法,由以往统计数据知道,肝癌患者血清检验为阳性的概率为 95%,非肝癌患者血清检验为阴性的概率为 90%,已知每 1 万人中约有 4 人患有肝癌. 某人在体检普查中血清检验结果是阳性,求他确患有肝癌的可能性.

**解** 本题是要对血清检验是阳性这一事实已发生的条件下,作出该人是否患有肝癌的结论.

因为肝癌患者和非肝癌患者都可能导致血清检验结果为阳性,所以,在人群中任取一人,记

$A_1 =$ "肝癌患者",$A_2 =$ "非肝癌患者",

$B =$ "血清检验结果为阳性".

问题化为求条件概率 $P(A_1 \mid B)$.

由已知

$$P(A_1) = 0.0004, \quad P(A_2) = 0.9996,$$

且

$$P(B \mid A_1) = 0.95,$$

$$P(B \mid A_2) = 1 - P(\overline{B} \mid A_2) = 1 - 0.90 = 0.10,$$

由贝叶斯公式

$$
\begin{aligned}
P(A_1 \mid B) &= \frac{P(A_1)P(B \mid A_1)}{P(A_1)P(B \mid A_1) + P(A_2)P(B \mid A_2)} \\
&= \frac{0.0004 \times 0.95}{0.0004 \times 0.95 + 0.9996 \times 0.10} \approx 0.0038.
\end{aligned}
$$

这一概率出乎意料地小,出现这种结果的关键原因是,体检是在人群中进行的,而人群中肝癌率 $P(A_1) = 0.0004$ 非常小. 倘若某人还有其他肝区不好的症状,医生对其患肝癌的怀疑率上升到 50%,如果血清检验为阳性,此时,$P(A_1 \mid B)$ 大于 90% 了.

# 第四节　随机事件的独立性和二项概率公式

## 一、随机事件的独立性

条件概率 $P(A|B)$ 反映了事件 $B$ 对事件 $A$ 发生的影响，一般说来条件概率 $P(A|B)$ 和普通概率 $P(A)$ 并不相等，但在某些情况下，事件 $B$ 发生与否对事件 $A$ 并不产生影响，换句话说，事件 $A$ 与 $B$ 之间存在着某种"独立性".

例如在装有大小相同的 4 个红球、6 个白球的口袋中，记事件 $B$ 为"第一次任取一球，取得白球"，$A$ 为"第二次任取一球，得到白球"，则在无放回抽球情况下，

$$P(A|B) = \frac{5}{9},$$

$$P(A) = P(B)P(A|B) + P(\overline{B})P(A|\overline{B})$$

$$= \frac{6}{10} \times \frac{5}{9} + \frac{4}{10} \times \frac{6}{9} = \frac{3}{5},$$

$$P(A) \neq P(A|B);$$

而当放回抽球时，

$$P(A) = P(A|B) = \frac{6}{10} = \frac{3}{5}.$$

此时，第一次是否抽到白球，并不影响第二次抽到白球的概率，事件 $A$ 与 $B$ 具有独立性.

当 $P(A) = P(A|B)$ 时，乘法公式可表示为

$$P(AB) = P(A)P(B),$$

由此，我们引入事件相互独立的概念.

设 $A,B$ 为随机事件，若

$$P(AB) = P(A)P(B)$$

则称事件 $A$ 和 $B$ **相互独立**.

显然，若 $A$ 与 $B$ 相互独立，则当 $P(B) \neq 0$ 时，有 $P(A) = P(A|B)$；

当 $P(A)\neq0$ 时,有 $P(B)=P(B|A)$,也就是说,此时 $A$ 的发生对 $B$ 没有影响,$B$ 的发生对 $A$ 也没有影响.

**定理**　四对事件:$A$ 和 $B$,$A$ 和 $\bar{B}$,$\bar{A}$ 和 $B$,$\bar{A}$ 和 $\bar{B}$ 中,若有一对事件是相互独立的,则其余三对也相互独立.

**证**　不妨设 $A$ 和 $B$ 相互独立,下面仅证 $\bar{A}$ 和 $\bar{B}$ 也相互独立,其余两对的独立性请读者自行完成.

因为 $A$、$B$ 相互独立,所以

$$P(AB)=P(A)P(B),$$
$$P(\bar{A}\bar{B})=P(\overline{A\bigcup B})=1-P(A\bigcup B)$$
$$=1-[P(A)+P(B)-P(A)P(B)]$$
$$=[1-P(A)][1-P(B)]$$
$$=P(\bar{A})P(\bar{B}).$$

这说明,$\bar{A}$ 和 $\bar{B}$ 也相互独立.

对于事件组 $A_1,A_2,\cdots,A_n$ 来说,如果其任意子事件组 $A_{k_1}$,$A_{k_2},\cdots,A_{k_r}(2\leqslant r\leqslant n)$,有

$$P(A_{k_1}A_{k_2}\cdots A_{k_r})=P(A_{k_1})P(A_{k_2})\cdots P(A_{k_r}),$$

则称该事件组 $A_1,A_2,\cdots,A_n$ **总起来相互独立**,简称**相互独立**.

**例 8-24**　甲、乙两射击手各自独立地向某目标进行一次射击,若命中率分别为 0.9 和 0.8,求:目标被击中的概率 $p_1$ 和目标被击中一枪的概率 $p_2$.

**解**　记事件

$A=$"一次射击,甲击中目标",

$B=$"一次射击,乙击中目标",

则 $A$ 与 $B$ 相互独立,于是所求概率

$$p_1=P(A\bigcup B)=P(A)+P(B)-P(A)P(B)$$
$$=0.9+0.8-0.9\times0.8=0.98;$$
$$p_2=P(A\bar{B}\bigcup\bar{A}B)=P(A)P(\bar{B})+P(\bar{A})P(B)$$
$$=0.9\times0.2+0.1\times0.8=0.26.$$

**例 8-25**　一个元件能正常工作的概率称为这个元件的可靠性,

由多个元件组成的系统能正常工作的概率称为这个系统的可靠性. 设构成系统的每个元件的可靠性均为 $p(0<p<1)$，且各元件能否正常工作是相互独立的，现由 6 个元件分别按照图 8-3、图 8-4 构成系统Ⅰ、系统Ⅱ. 分别求两个系统的可靠性 $p_1$ 和 $p_2$，并比较大小.

**解** 记事件 $A_i=$"第 $i$ 个元件能正常工作"，则

$$P(A_i)=p, \quad i=1,2,3,4,5,6,$$

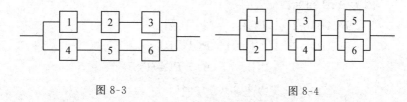

图 8-3　　　　　　　　　　　　　图 8-4

系统Ⅰ有两条通路，只要有一条通路能正常工作，整个系统就能正常工作，因此，系统Ⅰ的可靠性为

$$p_1=P(A_1A_2A_3\bigcup A_4A_5A_6)$$
$$=P(A_1A_2A_3)+P(A_4A_5A_6)-P(A_1A_2A_3A_4A_5A_6)$$
$$=p^3+p^3-p^6=p^3(2-p^3);$$

系统Ⅱ是由三对并联元件串联而成，当这三对元件分别组成的子系统都能正常工作时，整个系统才能正常工作，因此，系统Ⅱ的可靠性为

$$p_2=P[(A_1\bigcup A_2)(A_3\bigcup A_4)(A_5\bigcup A_6)]$$
$$=P(A_1\bigcup A_2)P(A_3\bigcup A_4)P(A_5\bigcup A_6)$$
$$=[P(A_1\bigcup A_2)]^3$$
$$=(p+p-p^2)^3=p^3(2-p)^3.$$

显然，$p_2>p_1$，即系统Ⅱ的可靠性大于系统Ⅰ.

**例 8-26** 甲、乙、丙三位炮击手同时向某飞机射击，击中率分别是 0.4，0.5 和 0.7. 假设若只有一人射中，飞机坠毁的概率是 0.2；若有两个人射中，飞机坠毁的概率为 0.6；若三人都射中，飞机必坠毁，求飞机坠毁的概率.

**解** 记所求事件为 $B$，即

$B=$"飞机坠毁",

显然,坠毁率 $P(B)$ 取决于飞机被击中的枪数,记

$A_i=$"恰有 $i$ 人击中飞机",$i=0,1,2,3$.

$A_0,A_1,A_2,A_3$ 组成完备事件组.因为射击是独立进行的,所以

$$P(A_0)=0.6\times0.5\times0.3=0.09,$$

$$P(A_1)=0.4\times0.5\times0.3+0.6\times0.5\times0.3+0.6\times0.5\times0.7$$
$$=0.36,$$

$$P(A_2)=0.4\times0.5\times0.3+0.4\times0.5\times0.7+0.6\times0.5\times0.7$$
$$=0.41,$$

$$P(A_3)=0.4\times0.5\times0.7=0.14,$$

并且

$$P(B|A_0)=0, \qquad P(B|A_1)=0.2,$$

$$P(B|A_2)=0.6, \qquad P(B|A_3)=1,$$

由全概率公式,飞机坠毁的概率为

$$P(B)=\sum_{i=0}^{3}P(A_i)P(B\mid A_i)$$
$$=0.9\times0+0.36\times0.2+0.41\times0.6+0.14\times1$$
$$=0.458.$$

### 二、二项概率公式

若对某试验重复进行 $n$ 次,每次试验的结果互不影响,即每次试验结果出现的概率不依赖于其他各次试验的结果,则称这 $n$ 次试验是**重复独立试验**.例如,有放回地抽取产品是重复独立试验;在相同条件下进行若干次独立射击也是重复独立试验.

称只有两种可能结果的试验(事件 $A$ 发生或 $\bar{A}$ 发生)为**贝努利试验**,若将此试验重复独立进行 $n$ 次,则称这 $n$ 次试验为 **$n$ 重贝努利试验**.

设在试验中事件 $A$ 发生的概率为 $p$,即

$$P(A)=p \quad (0<p<1).$$

我们讨论 $n$ 重贝努利试验中 $A$ 恰好发生 $k$ 次的概率 $P_n(k)(k=0,1,2,\cdots,n)$.

由试验的独立性,事件 $A$ 在指定的 $k$ 次(如前 $k$ 次)试验中出现,而在其余 $n-k$ 次试验中不出现的概率是

$$p^k(1-p)^{n-k},$$

因为我们考虑在 $n$ 次试验中事件 $A$ 恰好发生 $k$ 次,并未指定在哪 $k$ 次试验出现,而恰好出现 $k$ 次的方式有 $C_n^k$ 种,并且这些方式是互不相容的,所以所求概率为

$$P_n(k)=C_n^k p^k(1-p)^{n-k}, \quad k=0,1,2,\cdots,n.$$

根据

$$\sum_{k=0}^n P_n(k) = \sum_{k=0}^n C_n^k p^k(1-p)^{n-k} = [p+(1-p)]^n = 1$$

可知上述概率恰好是 $[p+(1-p)]^n$ 按二项公式展开时的通项,因此称其为**二项概率公式**.

将上述讨论结果叙述为如下定理:

**定理**　设在单次试验中事件 $A$ 发生的概率为 $p(0<p<1)$,则在 $n$ 次重复独立试验中,$A$ 恰好发生 $k$ 次的概率为

$$P_n(k)=C_n^k p^k(1-p)^{n-k}, \quad k=0,1,2,\cdots,n.$$

**例 8-27**　某人打枪,命中目标的概率为 0.8,独立地连续射击 10 次,求:

(1) 正好命中 5 次的概率 $p_1$;

(2) 至少命中 1 次的概率 $p_2$;

(3) 最多命中 9 次的概率 $p_3$.

**解**　记事件 $A=$ "某人一次射击,命中目标",则 $P(A)=0.8$,10 次射击,可以理解成 10 次重复独立试验,由二项概率公式,

(1) $p_1=P_{10}(5)=C_{10}^5(0.8)^5(0.2)^5\approx0.0264$;

(2) $p_2=1-P_{10}(0)=1-C_{10}^0(0.8)^0(0.2)^{10}$

$\qquad =1-(0.2)^{10}\approx1$;

(3) $p_3=1-P_{10}(10)=1-C_{10}^{10}(0.8)^{10}(0.2)^0$

$\qquad =1-(0.8)^{10}\approx0.8926.$

**例 8-28**　人群中血型为 $A$ 型、$B$ 型、$AB$ 型和 $O$ 型的概率分别

为 0.40,0.11,0.03,0.46. 现在任选 12 人,求：

(1) 有 2 个人是 $A$ 型血型的概率 $p_1$；

(2) 有 1 个人是 $AB$ 血型的概率 $p_2$.

**解**　可将问题看成 12 次重复独立试验.

(1) 每次试验结果仅考虑 $A$ 型和非 $A$ 型两个可能结果,那么,所求概率

$$p_1 = C_{12}^2 (0.40)^2 (0.60)^{10} \approx 0.06；$$

(2) 每次试验结果仅考虑 $AB$ 血型和非 $AB$ 血型两个可能结果,那么,所求概率

$$p_2 = C_{12}^1 (0.03)^1 (0.97)^{11} \approx 0.26.$$

**例 8-29**　某单位购进一批产品,合同规定产品的废品率不超过 0.005,现对这批产品进行有放回地抽样检验,共取 200 件,发现有 4 件废品,问我们能否相信供货方的保证？

**解**　我们先假定这批产品的废品率确实是 0.005,在此基础上 200 次重复独立检验中出现不少于 4 件废品的概率

$$p = 1 - \sum_{k=0}^{3} P_{200}(k)$$

$$= 1 - \sum_{k=0}^{3} C_{200}^k (0.005)^k (0.995)^{200-k} \approx 0.01868.$$

这一概率很小. 然而,概率很小的事件在一次试验中,实际上几乎不可能发生(概率论中称小概率事件的实际不可能性原理). 本事件在一次抽样检验中居然发生了,因此有理由怀疑原假设的正确性,即供货方的保证不可信,这批产品的次品率大于 0.005.

# 习　题　八

1. 口袋中有标号分别为 1,2,3 的 3 个大小相同的球,写出下列随机试验的样本空间：

（1）采用放回抽球，每次抽一球，连抽两次，记录下抽球结果；

（2）采用不放回抽球，每次抽一球，连抽两次，记录下抽球结果；

（3）一次取两个球，记录下取球结果.

2．掷两颗骰子，观察出现点数的情况，写出样本空间 $\Omega$；若记事件 $A=$ "出现两颗骰子点数相同"，用样本点表示事件 $A$.

3．设 $A,B,C$ 为 3 个事件，用 $A,B,C$ 表示以下各事件：

（1）$A$ 发生，$B,C$ 都不发生；

（2）3 个事件都发生；

（3）3 个事件中至少有 1 个发生；

（4）恰有 2 个事件发生；

（5）不多于 2 个事件发生；

（6）3 个事件都不发生.

4．在英语系学生中任选一名学生，设事件 $A=$ "选出的是男生"，$B=$ "选出的是三年级学生"，$C=$ "选出的是运动员"，

（1）叙述 $AB\bar{C}$ 的意义；

（2）在什么情形下，$C \subset B$ 是正确的.

5．一部 4 卷文集任意地排列在书架上，求卷号自左向右，或自右向左恰好为顺序 $1,2,3,4$ 的概率.

6．在装有 6 个黄球、4 个白球、2 个红球的口袋中任意取 3 球，求取得球恰为一黄、一白、一红的概率；如果放回取球，每次取一球，共取 3 次，那么上述事件的概率为多少？

7．某班共有 30 个同学，其中有 10 个女同学，随机地选 10 个同学，分别求以下事件的概率：

$A=$ "有 5 个女同学"，$B=$ "最多有 2 个女同学"，$C=$ "至少有 2 个女同学".

8．掷两颗骰子，求点数之和大于 9 的概率.

9．2 封信随机地投入 4 个邮筒，求前两个邮筒没有投入信的概率.

10．盒中装有 10 件产品，其中有 4 件次品，随机地取 1 件，检查

后不放回地再取 1 件检查,直到 4 件次品全部找出为止,求最后 1 件次品是在第 5 次检查时发现的概率.

11. 设事件 $A,B,C$ 发生的概率分别为 0.45,0.35 和 0.30,且 $P(AB)=0.10,P(AC)=0.20,P(BC)=0$,求 $P(A\cup B\cup C)$.

12. 地铁每间隔 5 分钟来 1 列,某人随机到达车站,求其等车时间介于 2 分钟到 3 分 30 秒的概率.

13. 袋中装有 5 个红球,3 个白球,不放回取球,求在第一次取得红球的条件下,第二次也取得红球的概率.

14. 由统计资料知道,某地区在 3 月份下雨的概率为 $\dfrac{2}{9}$,刮风的概率为 $\dfrac{4}{11}$,既刮风又下雨的概率为 $\dfrac{1}{9}$,若记事件 $A=$“3 月份下雨”,$B=$“3 月份刮风”,求 $P(A|B)$;$P(B|A)$ 和 $P(A\cup B)$.

15. 某企业有两个报警系统 $A$ 和 $B$,有效概率分别为 0.90 和 0.95,且在 $A$ 失灵的条件下 $B$ 有效的概率为 0.80,求该企业报警系统有效的概率.

16. 播种用的一等小麦种子中混入了 2% 的二等、2% 的三等和 1% 的四等麦种,已知一、二、三、四等麦种发芽率分别为 0.90,0.80,0.70 和 0.40,求这批种子的发芽率.

17. 3 台机床加工同一零件,加工出来的零件放在一起,已知 3 台机床加工数比例为 5:3:2,合格率分别为 0.85,0.90 和 0.95,求这批零件的合格率.如果任取 1 个零件,发现是次品,求它是由第 1 台机床生产的概率.

18. 甲袋中装有 4 个红球、6 个白球,乙袋中装有 6 个红球、3 个白球,从甲袋中任取一球放入乙袋中,再从乙袋中任取一球,求取得红球的概率.

19. 已知 5% 的男性和 0.25% 的女性是色盲.在男女人数相等的群体中随机地挑选一人,发现为色盲者,求其为男性的概率.

20. 某企业产品的合格率是 0.96,出厂时需经过简化检验,已知合格品经检验而获准出厂的概率是 0.98,次品经检验获准出厂的概率是 0.05,求出厂产品中是合格品的概率.

21. 已知 $P(A) = 0.3, P(B) = 0.6,$

(1) 当 $A,B$ 互不相容时,求 $P(A \cup B)$;

(2) 当 $A,B$ 相互独立时,求 $P(A \cup B)$.

22. 甲、乙、丙 3 人独立地向某目标射击,设命中率分别为 0.7,0.6 和 0.5,求:

(1) 3 人都击中目标的概率 $p_1$;

(2) 目标被击中的概率 $p_2$.

23. 设 $A,B,C$ 3 个元件的可靠性(正常工作的概率)都是 0.9,求下图所示系统的可靠性.

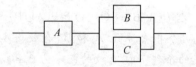

24. 一颗骰子,连掷 4 次,求"6"点出现 3 次的概率.

25. 在相同条件下独立射击 5 次,设每次射击命中率为 0.6,求至少击中 1 次的概率和至多击中 2 次的概率.

26. 系队与校队进行篮球比赛,系队胜校队的概率为 0.4,说明对系队而言,"三战两胜"制优于"五战三胜"制的理由.

# 第九章 随机变量和一元正态分布

上一章讨论的随机事件及其概率,使我们对随机现象出现的规律性有了初步认识.但是涉及一个随机现象常有很多随机事件,如果只是一个一个孤立地、静止地去研究各个随机事件,只能得到一些随机现象的局部性质.为了全面地、系统地研究随机现象,本章将随机试验的基本结果数量化,引入随机变量概念,简单介绍离散型随机变量及其概率分布,重点讨论连续型随机变量中的重要分布——正态分布.

## 第一节 随机变量

对于随机试验来说,一个试验结果(样本点)为一个基本事件,对"事件"而言,它是定性的.为了定量地研究随机现象,我们把基本事件定量化,将一个基本事件(或者说一个样本点)对应一个实数,建立起定义在全体试验结果(或者说样本空间)上的一个函数,这就是本节所要介绍的随机变量.

先看几个例子.

**例 9-1** 在装有 5 件次品、95 件正品的盒子中随机地抽取 10 件,观察抽得的次品数.

所有可能的试验结果是:"取得零件次品"(抽到的 10 件产品全部是正品),或"取得一件次品",或"取得两件次品",…,或"取得 5 件次品".如果把每一试验结果用一个实数表示,例如"取得零件次品"用"0"表示,"取得 1 件次品"用"1"表示,等等,这样就把试验的每一个结果用一个实数联系起来,相当于引入了一个变量 $X$,$X$ 随试验的不同结果而取不同的值.

设上述试验的样本空间为 $\Omega$,则

$$\Omega=\{\omega_0,\omega_1,\omega_2,\omega_3,\omega_4,\omega_5\},$$

其中,$\{\omega_i\}=$"任取 10 件产品中有 $i$ 件次品".令

$$X=X(\omega)=i,\ 当\ \omega=\omega_i\ 时,i=0,1,2,3,4,5,$$

得到定义在样本空间 $\Omega$ 上的变量函数 $X$,因为试验结果的出现是随机的,因此 $X$ 的取值也是随机的,称其为随机变量.

**例 9-2** 观察 1 粒玉米种子的发芽情况,试验共有两种试验结果,样本空间

$$\Omega=\{发芽,不发芽\}.$$

如果将试验的每一个结果用一个实数表示,例如用数"1"表示"发芽",用"0"表示"不发芽",得到定义在 $\Omega$ 上的变量

$$X=X(\omega)=\begin{cases}1, & 当\ \omega="发芽",\\ 0, & 当\ \omega="不发芽".\end{cases}$$

由试验结果的随机性得到 $X$ 取值的随机性,如此得到的 $X$ 是随机变量.

**例 9-3** 向某目标射击,直到击中目标为止,试验所需要的射击次数.

如果设 $\omega_i=$"射击次数为 $i$ 次",那么样本空间

$$\Omega=\{\omega_1,\omega_2,\cdots,\omega_n,\cdots\},$$

令

$$X=X(\omega)=i,\ 当\ \omega=\omega_i\ 时,i=1,2\cdots,n,\cdots,$$

得到定义在样本空间 $\Omega$ 上的随机变量 $X$.

**例 9-4** 某公共汽车站每隔 10 分钟有一辆公共汽车驶过,某乘客不知道汽车运行情况,随机到达车站,做候车时间的试验.

由于候车时间 $\omega$(分)可以是区间 $[0,10)$ 中的任意实数,因此,样本空间

$$\Omega=\{\omega\mid\omega\in[0,10)\},$$

用 $X$ 表示候车时间,显然

$$X = X(\omega) = \omega , \quad \omega \in [0,10)$$

是定义在样本空间 $\Omega$ 上的随机变量.

一般地,有如下随机变量的定义.

**定义** 设随机试验的样本空间为 $\Omega$,如果对于 $\Omega$ 中的每一个样本点 $\omega$ 有唯一的实数值 $X = X(\omega)$ 与之对应,则称实函数 $X$ 为**随机变量**.

随机变量一般用大写英文字母 $X, Y, Z$ 等表示,或者用希腊字母 $\xi, \eta, \zeta$ 等表示.

随机变量是对随机现象的一种数量化,它随着样本点的选定而被确定,对应试验的不同结果而取不同的值,在试验之前能够知道其取值的范围,而不能确定究竟取什么值.又因为随机试验的每一结果的出现都有一定的概率,因此随机变量的取值也有一定的概率.

按照随机变量的取值情况,分为离散型随机变量和非离散型随机变量两类.

如果随机变量 $X$ 的所有可能取值是有限个或无限可列多个,则称 $X$ 为**离散型变量**.上述例 9-1、例 9-2 和例 9-3 中的随机变量都是离散型随机变量.非离散型随机变量的范围较广,其中最重要最广泛的应用是所谓的**连续型随机变量**,上述例 9-4 中的候车时间是连续型随机变量,人群中男人的身高,农作物单株的收获量,电子管的寿命,某地区的气温等都是连续型随机变量.

有了随机变量概念以后,可以用随机变量的取值范围表示随机事件.例如,例 9-1 中随机事件"抽取的 10 件产品中至少有 1 件次品",可以用 $\{X \geq 1\}$ 表示,当然也可以表示为 $\{X = 1,2,3,4,5\}$,而 $\{X \leq 2\}$ 表示随机事件"次品数小于等于 2 个".例 9-2 中随机事件"玉米种子发芽"可表示为 $\{X = 1\}$,而 $\{X \leq 1\} = \{X = 0,1\}$ 则是必然事件.例 9-4 中"候车时间少于 2 分钟"可表示为 $\{X < 2\}$,而 $\{X \geq 1.5\}$ 表示随机事件"候车时间至少要一分半钟".

## 第二节　离散型随机变量的概率分布

**定义**　若离散型随机变量 $X$ 所有可能取的值为 $x_1, x_2, \cdots, x_n, \cdots$，且

$$P\{X = x_i\} = p_i,\ i = 1, 2, \cdots, n, \cdots,$$

则称表格

| $X$ | $x_1$ | $x_2$ | $\cdots$ | $x_n$ | $\cdots$ |
|---|---|---|---|---|---|
| $P\{X = x_i\}$ | $p_1$ | $p_2$ | $\cdots$ | $p_n$ | $\cdots$ |

**为离散型随机变量 $X$ 的概率分布律**，简称**概率分布**.

关于 $X$ 的概率分布中的 $p_i$ 显然有性质：

（1）$p_i \geqslant 0, i = 1, 2, \cdots, n, \cdots$；

（2）$\sum\limits_i p_i = 1$.

**例 9-5**　抛掷一枚硬币，设随机变量

$$X = \begin{cases} 1, & \text{币值面朝上}, \\ 0, & \text{币值面朝下}, \end{cases}$$

则 $X$ 的概率分布为

| $X$ | 0 | 1 |
|---|---|---|
| $P\{X = x_i\}$ | 0.5 | 0.5 |

**例 9-6**　在装有 2 个次品 8 个正品的盒子中任取 3 个产品，设随机变量 $X =$ "取得的次品数"，求：

（1）$X$ 的概率分布；（2）至多有 1 个次品的概率 $p$.

**解**　（1）显然，$X$ 的所有可能取值为 $0, 1, 2$，且

$$P\{X = 0\} = \frac{C_8^3}{C_{10}^3} = \frac{7}{15},$$

$$P\{X=1\}=\frac{C_2^1 C_8^2}{C_{10}^3}=\frac{7}{15},$$

$$P\{X=2\}=\frac{C_2^2 C_8^1}{C_{10}^3}=\frac{1}{15},$$

因此, $X$ 的概率分布为

| $X$ | 0 | 1 | 2 |
|-----|---|---|---|
| $P\{X=x_i\}$ | $\frac{7}{15}$ | $\frac{7}{15}$ | $\frac{1}{15}$ |

（2） $p=P\{X\leqslant 1\}=P\{X=0\}+P\{X=1\}$

$$=\frac{7}{15}+\frac{7}{15}=\frac{14}{15},$$

或 $\qquad p=1-P\{X=2\}=1-\frac{1}{15}=\frac{14}{15}.$

**例 9-7** 某人向目标进行独立射击,直至击中目标为止,其击中率为 $p(0<p<1)$,设随机变量 $X=$"击中目标所需要的射击次数",求 $X$ 的概率分布.

**解** $X$ 的所有可能取值为 $1,2,\cdots,n,\cdots$,并且,

$$P\{X=i\}=p(1-p)^{i-1}, i=1,2,\cdots,n,\cdots,$$

因此, $X$ 的概率分布为

| $X$ | 1 | 2 | 3 | $\cdots$ | $n$ | $\cdots$ |
|-----|---|---|---|----------|-----|----------|
| $P\{X=x_i\}$ | $p$ | $p(1-p)$ | $p(1-p)^2$ | $\cdots$ | $p(1-p)^{n-1}$ | $\cdots$ |

# 第三节 正态分布

## 一、连续型随机变量及其分布密度函数

**定义** 设 $X$ 是随机变量, $x$ 为任一实数. 如果存在非负可积函数 $p(x)$,使

$$\Phi(x) = P\{X \leqslant x\} = \int_{-\infty}^{x} p(t)\mathrm{d}t, \text{①}$$

则称 $X$ 是**连续型随机变量**，$p(x)$ 为 $X$ 的**分布密度函数**，简称**密度函数**.

由上述定义可知，若 $X$ 是连续型随机变量，则其落在区间 $(-\infty, x]$ 上的概率可用如图 9-1 所示的以密度函数 $p(x)$ 为曲边的开口曲边梯形（阴影部分）面积表示.

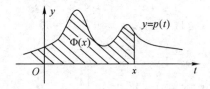

图 9-1

根据连续型随机变量的定义，结合微积分学中的相关知识，可得如下性质.

**性质 1** $\int_{-\infty}^{+\infty} p(x)\mathrm{d}x = 1.$

性质 1 在几何上可以解释为：介于曲线 $y = p(x)$ 和 $x$ 轴之间的平面图形面积为 1.

**性质 2** $P\{a < x \leqslant b\} = \int_{a}^{b} p(x)\mathrm{d}x.$

这是因为

$$P\{a < x \leqslant b\} = P\{x \leqslant b\} - \{x \leqslant a\}$$
$$= P\{x \leqslant b\} - P\{x \leqslant a\}$$

---

① 积分 $\int_{-\infty}^{x} p(t)\mathrm{d}t$ 及 $\int_{-\infty}^{+\infty} p(t)\mathrm{d}t$ 都叫做**广义积分**，对可积函数 $p(t)$，$\int_{-\infty}^{x} p(t)\mathrm{d}t = \lim\limits_{a \to -\infty} \int_{a}^{x} p(t)\mathrm{d}t$，$\int_{-\infty}^{+\infty} p(t)\mathrm{d}t = \lim\limits_{a \to -\infty} \int_{a}^{0} p(t)\mathrm{d}t + \lim\limits_{b \to +\infty} \int_{0}^{b} p(t)\mathrm{d}t$，如果等式右边极限存在，则称相应的广义积分**收敛**，否则**发散**.

$$= \int_{-\infty}^{b} p(x)\mathrm{d}x - \int_{-\infty}^{a} p(x)\mathrm{d}x = \int_{a}^{b} p(x)\mathrm{d}x.$$

**性质 3** $P\{X = x_0\} = 0$,其中 $x_0$ 为任一实数.

性质 3 的证明从略,它表明连续型随机变量取个别值的概率为零,这是与离散型随机变量截然不同的.

由性质 2 和性质 3,得

$$P\{a \leqslant x \leqslant b\} = P\{a < x < b\} = P\{a \leqslant x < b\}$$
$$= \int_{a}^{b} p(x)\mathrm{d}x,$$

即随机变量落在任何形式的区间(开区间,或闭区间,或半开半闭区间)上的概率都等于以曲线 $y = p(x)$、直线 $x = a$、$x = b$ 和 $x$ 轴围成的曲边梯形的面积,如图 9-2 所示.

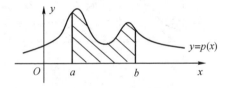

图 9-2

在连续型随机变量中最重要、应用最广泛的是服从正态分布的随机变量.

**二、正态分布**

**定义** 若连续型随机变量 $X$ 的分布密度函数为

$$p(x) = \frac{1}{\sqrt{2\pi}\sigma}\mathrm{e}^{-\frac{(x-\mu)^2}{2\sigma^2}}, \quad -\infty < x < +\infty,$$

其中 $\mu,\sigma$ 为常数,且 $\sigma > 0$,则称 $X$ 服从参数为 $\mu,\sigma^2$ 的正态分布,记作
$$X \sim N(\mu, \sigma^2).$$

正态分布的密度函数 $p(x)$ 的图形呈钟形,如图 9-3 所示,

曲线在 $x = \mu$ 处取到最大值 $\dfrac{1}{\sqrt{2\pi}\sigma}$,$x = \mu$ 为其对称轴,$x$ 轴是它

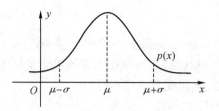

图 9-3

的渐近线. 当 $\sigma$ 较大时，曲线较为平坦，而当 $\sigma$ 较小时，曲线较为陡峭，如图 9-4 所示.

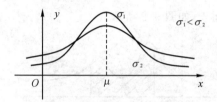

图 9-4

当 $\mu$ 增大时，曲线往右移动，当 $\mu$ 减少时，曲线往左移动，通常称 $\mu$ 为正态分布的位置参数，它往往体现了在概率意义上的随机变量 $X$ 取值的平均数. 例如设人群中男子身高 $X$ 服从正态分布，若已知平均身高 170cm，则

$$X \sim N(170, \sigma^2).$$

可以证明

$$\int_{-\infty}^{+\infty} \frac{1}{\sqrt{2\pi}\sigma} e^{-\frac{(x-\mu)^2}{2\sigma^2}} \, \mathrm{d}x = 1.$$

特别地，称 $\mu = 0, \sigma = 1$ 时的正态分布为标准正态分布，此时可记

$$X \sim N(0, 1).$$

标准正态分布的密度函数为

$$p(x) = \frac{1}{\sqrt{2\pi}} \mathrm{e}^{-\frac{x^2}{2}},$$

其图形为如图 9-5 所示.

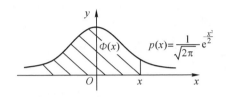

图 9-5

设 $x$ 为任一实数,记

$$\Phi(x) = \int_{-\infty}^{x} \frac{1}{\sqrt{2\pi}} \mathrm{e}^{-\frac{t^2}{2}} \mathrm{d}t,$$

本书附表给出了 $\Phi(x)$ 表,称为标准正态分布数值表. 当 $X$ 是服从标准正态分布的随机变量时,根据附表,可以计算其落在任一区间内的概率.

例如,

$$P\{X \leqslant b\} = P\{X < b\} = \Phi(b),$$

$$P\{X \geqslant a\} = P\{X > a\} = 1 - P\{X \leqslant a\} = 1 - \Phi(a),$$

$$P\{a \leqslant X \leqslant b\} = P\{X \leqslant b\} - P\{X < a\} = \Phi(b) - \Phi(a).$$

易证,当 $x > 0$ 时,有

$$\Phi(-x) = 1 - \Phi(x).$$

**例 9-8**　设随机变量 $X \sim N(0,1)$,查表计算:

(1) $P\{X \leqslant 2.12\}$;　　(2) $P\{X \geqslant 1.02\}$;

(3) $P\{|X| \leqslant 2.12\}$;　(4) $P\{|X| > 1.02\}$.

**解**　因为 $X \sim N(0,1)$,所以

(1) $P\{X \leqslant 2.12\} = \Phi(2.12) = 0.983$;

(2) $P\{X \geqslant 1.02\} = 1 - P\{X < 1.02\}$

$$= 1 - \Phi(1.02) = 1 - 0.846 = 0.154;$$

(3) $P\{|X| \leqslant 2.12\} = P\{-2.12 \leqslant X \leqslant 2.12\}$

$\qquad = \Phi(2.12) - \Phi(-2.12)$

$\qquad = \Phi(2.12) - [1 - \Phi(2.12)]$

$\qquad = 2\Phi(2.12) - 1 = 2 \times 0.983 - 1$

$\qquad = 0.966;$

(4) $P\{|X| > 1.02\} = 1 - P\{|X| \leqslant 1.02\}$

$\qquad = 1 - P\{-1.02 \leqslant X \leqslant 1.02\}$

$\qquad = 1 - [\Phi(1.02) - \Phi(-1.02)]$

$\qquad = 1 - [\Phi(1.02) - 1 + \Phi(1.02)]$

$\qquad = 2 - 2\Phi(1.02) = 2 - 2 \times 0.846$

$\qquad = 0.308.$

如果随机变量 $X$ 服从以 $\mu, \sigma^2$ 为参数的一般正态分布

$\qquad X \sim N(\mu, \sigma^2),$

可以证明,此时 $\dfrac{X-\mu}{\sigma}$ 服从标准正态分布,即

$$\frac{X-\mu}{\sigma} \sim N(0,1),$$

于是,

$$P\{X \leqslant b\} = P\{\frac{X-\mu}{\sigma} \leqslant \frac{b-\mu}{\sigma}\} = \Phi\left(\frac{b-\mu}{\sigma}\right),$$

$$P\{a \leqslant X \leqslant b\} = P\{X \leqslant b\} - P\{X < a\}$$

$$= \Phi\left(\frac{b-\mu}{\sigma}\right) - \Phi\left(\frac{a-\mu}{\sigma}\right).$$

**例 9-9**　设随机变量 $X \sim N(1.5, 2^2)$,求:

(1) $P\{X < 3.5\}$;(2) $P\{X > 2\}$;(3) $P\{|X| > 1.5\}$.

**解**　由已知,$\mu = 1.5, \sigma^2 = 2^2$,把非标准正态分布转换成标准正态分布,得到

(1) $P\{X < 3.5\} = \Phi\left(\dfrac{3.5 - 1.5}{2}\right) = \Phi(1) = 0.8413;$

(2) $P\{X > 2\} = 1 - P\{X \leqslant 2\}$

$$= 1 - \Phi\left(\frac{2-1.5}{2}\right) = 1 - \Phi(0.25)$$

$$= 1 - 0.5987 = 0.4013;$$

(3) $P\{\mid X \mid > 1.5\} = 1 - P\{\mid X \mid \leqslant 1.5\}$

$$= 1 - P\{-1.5 \leqslant X \leqslant 1.5\}$$

$$= 1 - \left[\Phi\left(\frac{1.5-1.5}{2}\right) - \Phi\left(\frac{-1.5-1.5}{2}\right)\right]$$

$$= 1 - [\Phi(0) - \Phi(-1.5)]$$

$$= 1 - \Phi(0) + [1 - \Phi(1.5)]$$

$$= 2 - \Phi(0) - \Phi(1.5)$$

$$= 2 - 0.5 - 0.9332 = 0.5668.$$

**例 9-10**　若 $X \sim N(\mu, \sigma^2)$，求：

(1) $P\{\mu - \sigma < X < \mu + \sigma\}$；

(2) $P\{\mu - 2\sigma < X < \mu + 2\sigma\}$；

(3) $P\{\mu - 3\sigma < X < \mu + 3\sigma\}$.

**解**　由于 $X \sim N(\mu, \sigma^2)$，因此 $\dfrac{X-\mu}{\sigma} \sim N(0,1)$，于是

(1) $P\{\mu - \sigma < X < \mu + \sigma\} = P\{-1 < \dfrac{X-\mu}{\sigma} < 1\}$

$$= \Phi(1) - \Phi(-1) = 2\Phi(1) - 1$$

$$= 0.6826;$$

同理，

(2) $P\{\mu - 2\sigma < X < \mu + 2\sigma\} = 2\Phi(2) - 1 = 0.9545;$

(3) $P\{\mu - 3\sigma < X < \mu + 3\sigma\} = 2\Phi(3) - 1 = 0.9973.$

本例告诉我们，服从正态分布的随机变量落在以其均值 $\mu$ 为中心、半径为 $3\sigma$ 的区间 $(\mu - 3\sigma, \mu + 3\sigma)$ 内的概率近似等于 1，几乎是必然事件，而落在区间之外的概率近似等于 0，几乎是不可能事件，这就是正态分布的"$3\sigma$"原则，在企业的质量管理上有重要应用.

在自然现象中，大量的随机变量都服从或近似服从正态分布，例如测量误差分布、学生考试成绩分布、棉纱耐磨力度分布、石砖的抗

压强度分布等都具有"中间大,两头小"的特点,都近似服从正态分布.概率理论告诉我们,假如某随机变量是由众多微小的、独立随机变量综合作用的结果,那么该随机变量近似服从正态分布.

**例 9-11**　某学校位于城市的南郊,从学校前往位于北区的火车站有两条路线,第一条穿过市区,路程较短,但交通拥挤,所需时间 $X$（单位:min）服从正态分布 $N(50,10^2)$;第二条沿环城公路,路程较长,但意外阻塞较少,所需时间 $Y$（单位:min）服从正态分布 $N(60,4^2)$.问:(1)若有 70min 可用,应走哪条路线?(2)若有 65min 可用,应走哪条路线?

**解**　(1)在有 70min 可用的情形下,走第一条路线及时赶到的概率为

$$P\{X \leqslant 70\} = \Phi\left(\frac{70-50}{10}\right) = \Phi(2) = 0.9772,$$

走第二条路线及时赶到的概率为

$$P\{Y \leqslant 70\} = \Phi\left(\frac{70-60}{4}\right) = \Phi(2.5) = 0.9938,$$

因此,应该选择走第二条路线,即走环线.

(2)在有 65min 可用的情形下,分别计算两条路线及时赶到的概率,得到

$$P\{X \leqslant 65\} = \Phi\left(\frac{65-50}{10}\right) = \Phi(1.5) = 0.9332,$$

$$P\{Y \leqslant 65\} = \Phi\left(\frac{65-60}{4}\right) = \Phi(1.25) = 0.8944,$$

因此,应该选择走第一条路线,即穿过市区.

**例 9-12**　某企业实行计件超产奖,为此需要确定超产量的最低生产定额.根据以往记录,每个工人生产量近似服从正态分布 $N(4000,60^2)$.若要有 10% 的工人获得超产奖,试问工人月生产多少产品才能获得奖金?如果只有 1% 的工人能够获得特等奖,那么工人月产量必须达到多少才能获得特等奖?

**解**　由题意,需要确定最低产量 $x_0$,使当产量高于 $x_0$ 的工人能够

获奖,且获奖比例达到预先规定的比例. 设 $X$ 为工人的月产量数,则

$$X \sim N(4000, 60^2).$$

由

$$P\{X \geqslant x_0\} = 0.10,$$

得

$$P\{X < x_0\} = 0.90,$$

把非标准正态分布转换成标准正态分布,得

$$P\{X < x_0\} = \Phi(\frac{x_0 - 4000}{60}) = 0.90,$$

查标准正态分布表,知

$$\Phi(1.29) \approx 0.9015.$$

令

$$\frac{x_0 - 4000}{60} \approx 1.29,$$

得

$$x_0 \approx 4077.$$

又由

$$P\{X \geqslant x_0\} = 0.01,$$

得

$$P\{X < x_0\} = 0.99,$$

转换成标准正态分布,得

$$P\{X < x_0\} = \Phi(\frac{x_0 - 4000}{60}) = 0.99,$$

查标准正态分布表,知

$$\Phi(2.33) = 0.99,$$

令

$$\frac{x_0 - 4000}{60} \approx 2.33,$$

得

$$x_0 \approx 4140.$$

上述结果说明工人只要月产量在 4077 件以上即能获奖，而要获得特等奖，必须生产 4140 件以上.

**例 9-13**  某地区高二年级数学期末统考成绩（百分制）近似服从正态分布，平均成绩 68 分，95 分以上者占总考生数 2.2%，试求考生数学成绩在 60 分到 80 分之间的概率.

**解**  记 $X$ 为考生数学统考成绩，由已知，$X$ 近似服从平均值 $\mu = 68$ 的正态分布

$$X \sim N(68, \sigma^2),$$

其中 $\sigma^2$ 未知，由已知

$$P\{X \geqslant 95\} = 0.022 \quad \text{或} \quad P\{X < 95\} = 0.978,$$

把非标准正态分布转换成标准正态分布，

$$P\{X < 95\} = \Phi\left(\frac{95 - 68}{\sigma}\right) = \Phi\left(\frac{27}{\sigma}\right) = 0.978,$$

查标准正态分布表，得

$$\Phi(2.01) \approx 0.978,$$

令

$$\frac{27}{\sigma} \approx 2.01,$$

得

$$\sigma \approx 13.4,$$

即

$$X \sim N(68, 13.4^2),$$

于是，所求概率为

$$P\{60 < X < 80\} = \Phi\left(\frac{80 - 68}{13.4}\right) - \Phi\left(\frac{60 - 68}{13.4}\right)$$
$$\approx \Phi(0.90) - \Phi(-0.60)$$
$$= \Phi(0.90) - 1 + \Phi(0.60)$$
$$= 0.816 - 1 + 0.726 = 0.542.$$

**例 9-14**  某地区 5000 名考生参加初中升高中升学考，设考生各门课程考试总分近似服从 $\mu = 260$ 分，$\sigma = 50$ 分的正态分布

$N(260,50^2)$. 某考生总分为 360 分,问大概有多少考生名列其前?

**解** 记 $X$ 为考生考试总分,由已知

$$X \sim N(260,50^2),$$

因为

$$P\{X > 360\} = 1 - P\{X \leqslant 360\}$$

$$= 1 - \Phi\left(\frac{360-260}{50}\right)$$

$$= 1 - \Phi(2) = 1 - 0.9772 = 0.0228,$$

所以,大概有 $5000 \times 0.0228 = 114$ 名考生名列其前.

**例 9-15** 设供电电压(单位:V)近似服从正态分布 $N(220,5^2)$. 某企业当电压在正常区间 $[210,230]$ 时生产出来的产品次品率为 $0.02$,其余情况下次品率为 $0.10$. 求:

(1) 产品的次品率 $p_1$;

(2) 若检查一件产品发现是次品,求电压正常的概率 $p_2$.

**解** 记随机变量 $X$ 为电压,则

$$X \sim N(220,5^2).$$

设随机事件 $A = \{210 \leqslant X \leqslant 230\}$,$B = \{$任取一件产品为次品$\}$,则

$$P(A) = \{210 \leqslant X \leqslant 230\}$$

$$= \Phi\left(\frac{230-220}{5}\right) - \Phi\left(\frac{210-220}{5}\right)$$

$$= \Phi(2) - \Phi(-2) = 2\Phi(2) - 1 = 0.9544,$$

$$P(\overline{A}) = 0.0456.$$

(1) 由题意 $P(B \mid A) = 0.02$,$P(B \mid \overline{A}) = 0.10$,根据全概率公式

$$p_1 = P(B) = 0.9544 \times 0.02 + 0.0456 \times 0.10 \approx 0.0236.$$

(2) 根据贝叶斯公式

$$p_2 = P(A \mid B) = \frac{P(A)P(B \mid A)}{P(B)}$$

$$\approx \frac{0.9544 \times 0.02}{0.0236} = 0.81.$$

# 习 题 九

1. 投掷一颗骰子，求掷得点数 $X$ 的概率分布.

2. 在一个装有 8 个白球、2 个黄球的盒子中任取 2 个球，求取得黄球数 $X$ 的概率分布.

3. 设射击手命中目标的概率为 0.9，独立地射击 3 次，求命中次数 $X$ 的概率分布.

4. 设随机变量 $X \sim N(0,1)$，查表求：

(1) $P\{X < 1.8\}$；(2) $P\{X > -1.5\}$.

5. 设随机变量 $X \sim N(1,2^2)$，查表求：

(1) $P\{2 < X < 5\}$；(2) $P\{-3 < X < 3.2\}$.

6. 已知自动机器生产的零件长度 $X$（单位：mm）近似服从正态分布 $N(50,0.75^2)$，如果规定零件的长度在 $50 \pm 1.5$mm 之间为合格品，求零件的合格率.

7. 通过普查知道某地区男子身高近似服从 $\mu = 168$cm，$\sigma = 7$cm 的正态分布，应如何设计公共汽车的车门高度 $h$，使男子与车门碰头的概率在 0.01 以下.

8. 某单位招聘300名员工，报名人数有1657人，进行满分为400分的招聘考试. 已知考试成绩近似服从 $\mu = 166$ 分的正态分布，并且有31 名考生成绩在 360 分以上，问录取线是多少？某考生得 256 分，他能被录取吗？

9. 假设电源电压 $X$（单位：V）服从正态分布 $N(220,25^2)$. 已知某种电子元件在电压小于 220V，在 $220 \sim 240$V 之间和在大于 240V 三种情况下损坏的概率分别是 0.1，0.001 和 0.2，求：

(1) 电子元件损坏的概率 $p_1$；　·

(2) 电子元件损坏时，电压在正常区域 $[220,240]$ 之间的概率 $p_2$.

# 第十章　　统计初步

为了对事物进行统计研究,需要根据研究目的和要求收集资料,得到一些数据,再依据数据作一些初步分析,这就是所谓的**描述统计**,或者**统计初步**.描述统计一般分为**图形描述**和**数字特征描述**两大类.在"中国统计年鉴"中有许多统计图,例如国民收入发展速度的统计图,人口年龄结构的统计图等.又例如,在企业的某间办公室挂着各班组出勤、产品质量、安全生产等情况图标等.这些用形象直观的图形来反映统计数据的特征,称为图形描述.数字特征描述是对一组统计数据作适当的计算处理之后,得到一些数量,用这些数量反映统计数据的特征,例如,为比较各地区城镇居民户年均收入情况,采取"平均收入"这一特征数;为反映各班学生学习状况时,除了用平均成绩外,也常常用高分与低分的差异作为特征数.本章将介绍数据的图形描述和数字特征描述的一般方法.

## 第一节　　直方图

对某个事物进行研究、调查收集到统计数据,如果数据是在不同时期观测得到的,将它们按时间先后次序进行排列,这样得到的数据称为**时间序列数据**.例如,我国自 1949 年新中国成立以后每年的钢产量,某商场每月的销售额,每年的存款余额等都是时间序列数据.在不同的个体上观测得到的统计数据称为**横截面数据**.例如,2011 年我国各省和直辖市的年钢产量,某年得到的人口普查数据,某商场某日各商品种类的销售额等都是横截面数据.

　　统计数据往往是大量而且分散的,为了从这些众多而杂乱无章的数据中发掘其统计规律,需要对数据进行加工整理,并作统计分析,图形描述是一种比较直观而简单易行的统计分析方法.

　　处理统计数据时,往往要对数据进行分类,分类的原则有定性和定量两种,例如,在口袋中取球,取的球数按其颜色进行分类;对若干件有问题产品的原因分析时,按领导责任、工人责任、设备责任等进行分类,这些数据分类的原则是定性的.又如某城市对人口年龄按年龄组 $0 \sim 7, 8 \sim 12, 13 \sim 18, 19 \sim 34, \cdots$ 进行分类,分类的原则是定量的.

　　怎样进行定量分类,分几类,每类如何确定,需要具体问题具体分析.

　　下面介绍对数据作定量分类后的图形描述中的直方图描述,其步骤如下:

　　设有原始数据 $x_1, x_2, \cdots, x_n$,

　　(1)确定最小值 $m$ 和最大值 $M$,并取略小于 $m$ 的值 $a$ 和略大于 $M$ 的值 $b$:

$$a < \min\{x_1, x_2, \cdots, x_n\},$$
$$b > \max\{x_1, x_2, \cdots, x_n\}.$$

　　(2)确定组距和组数:

　　组数可根据实际经验确定,总数据数 $n$ 较小,分的组数小,$n$ 大,分的组数大.假如 $n$ 大于 100,应至少分成 7 个组.

　　一般地,

$$组距\ d = \frac{b-a}{组数}.$$

　　这样的话,第一组包含最小值 $m$,最后一组包含了最大值 $M$.这样的分组是等距离分组.倘若分组后某组中含有较多的原始数据,则可对该组再进行细分.总之,分组时组数要恰当,组距不一定相等,并且一个数据只能分在一个组中,即各组不相重叠.组距确定后,各组的组下限和组上限也随之确定.

（3）计算频数、频率和累积频率：

设第 $i$ 组中包含有 $f_i$ 个原始数据，则称 $f_i$ 为第 $i$ 组的频数，而称 $\omega_i = \dfrac{f_i}{n}$ 为第 $i$ 组的频率，称 $\sum\limits_{j=1}^{i} \omega_j$ 为第 $i$ 组的累积频率.

（4）列出有关组距（或组限）、频数、频率等的统计表.

（5）制作直方图：

直方图是以垂直的条形线代表分布的一种图形. 条形的高度由纵轴表示，各组的界限由横轴表示，条形的宽度表示组距. 如果条形的高度是频数，得到的直方图称为频数直方图. 如果条形的高度是频率，或者累积频率，得到的直方图是频率直方图或累积频率直方图.

**例 10-1** 某班 50 名学生数学考试成绩（按学号顺序）如下：

| 79 | 88 | 78 | 50 | 70 | 71 | 90 | 54 | 72 | 58 | 72 | 80 |
|----|----|----|----|----|----|----|----|----|----|----|----|
| 91 | 95 | 91 | 81 | 72 | 61 | 73 | 82 | 97 | 83 | 74 | 61 |
| 62 | 63 | 74 | 74 | 99 | 84 | 84 | 64 | 75 | 65 | 75 | 66 |
| 75 | 85 | 67 | 68 | 69 | 75 | 86 | 59 | 76 | 88 | 69 | 77 |
| 87 | 51 | | | | | | | | | | |

（1）以 10 分为组距编制频数、频率和累积频率分布表；

（2）画出频数、频率和累积频率直方图.

**解**

（1）

| 组号 | 组距 | 频数 $f_i$ | 频率 $\omega_i$ | 累积频率 |
|------|------|------|------|------|
| 1 | $50 \sim 59$ | 5 | 10% | 10% |
| 2 | $60 \sim 69$ | 11 | 22% | 32% |
| 3 | $70 \sim 79$ | 17 | 34% | 66% |
| 4 | $80 \sim 89$ | 11 | 22% | 88% |
| 5 | $90 \sim 100$ | 6 | 12% | 100% |

（2）

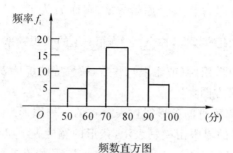

频数直方图

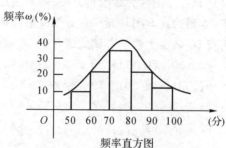

频率直方图

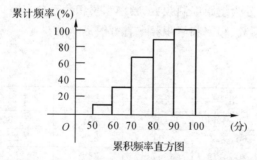

累积频率直方图

　　如果采用更小的组距，可以拟合出类似于上述频率直方图中的曲线，该曲线可以看作是第九章中随机变量分布密度函数曲线的近似曲线．

# 第二节　位置特征数

我们在频数直方图中发现,统计数据往往有一种集中的趋势,即在某个数值附近的频数比较大,而在远离这个数值的地方频数比较小,这个数值反映了统计数据的大致位置,称为**位置特征数**.

统计数据的位置特征数有多种估计方法,常用的有平均数、中位数和众数三种.

**一、平均数**

设有数据 $x_1, x_2, \cdots, x_n$,称

$$\bar{x} = \frac{1}{n}(x_1 + x_2 + \cdots + x_n) = \frac{1}{n}\sum_{i=1}^{n} x_i$$

为这 $n$ 个数的**算术平均数**,简称均值.

当统计数据较大时,可令

$$x_i{}' = x_i - c,$$

其中,$c$ 为适当确定的常数,则由于

$$\bar{x} = \frac{1}{n}\sum_{i=1}^{n} x_i = \frac{1}{n}\sum_{i=1}^{n}(x_i{}' + c) = \frac{1}{n}\sum_{i=1}^{n} x_i{}' + c = \bar{x}' + c,$$

因此,可以先计算 $x_1{}', x_2{}', \cdots, x_n{}'$ 的平均数 $\bar{x}'$,然后再加上 $c$,即可得到 $\bar{x}$.

设数据 $x_1, x_2, \cdots, x_n$ 分别出现了 $f_1, f_2, \cdots, f_n$ 次,则称 $p_i = \dfrac{f_i}{n}$ 为数 $x_i$ 的**权**,而称

$$\bar{x} = p_1 x_1 + p_2 x_2 + \cdots + p_n x_n = \frac{1}{n}\sum_{i=1}^{n} f_i x_i$$

为这 $n$ 个数的**加权平均**.

显然权 $p_i$ 大,$x_i$ 在平均过程中起的作用也大.

**例 10-2**　某学生数学平时测验成绩为:$60, 70, 70, 80, 80, 85$,则

其平时平均成绩为：

$$\overline{x} = \frac{1}{6}(60 + 70 + 70 + 80 + 80 + 85) \approx 74(\text{分}).$$

若令

$$x_i' = x_i - 70,$$

因为 $-10, 0, 0, 10, 10, 15$ 的平均值为

$$\overline{x'} = \frac{1}{6}(-10 + 0 + 0 + 10 + 10 + 15) \approx 4,$$

于是，同样可以得到

$$\overline{x} = \overline{x'} + 70 = 74(\text{分}).$$

如果，我们把 $\frac{1}{6}, \frac{2}{6}, \frac{2}{6}$ 和 $\frac{1}{6}$ 分别作为 $60, 70, 80, 85$ 的权，那么

$$\overline{x} = \frac{1}{6} \times 60 + \frac{2}{6} \times 70 + \frac{2}{6} \times 80 + \frac{1}{6} \times 85 \approx 74$$

称为数 $60, 70, 80, 85$ 的加权平均.

**二、中位数**

把统计数据按从小到大的次序重新排列，最中间的数称为这组数据的**中位数**. 当观测值是偶数时，重排后中间有两个值，此时取这两个数的算术平均为中位数. 即

若统计数据 $x_1, x_2, \cdots, x_n$ 按从小到大排列后为

$$x_1^* \leqslant x_2^* \leqslant \cdots \leqslant x_n^*,$$

则中位数

$$M = \begin{cases} x_{\frac{n+1}{2}}^*, & \text{当 } n \text{ 是奇数时,} \\ \frac{1}{2}\left(x_{\frac{n}{2}}^* + x_{\frac{n}{2}+1}^*\right), & \text{当 } n \text{ 是偶数时.} \end{cases}$$

中位数可以消除异常数据的影响. 在有些评分活动（例如歌手比赛，体操评分等）中，往往去掉裁判评分中的最高分和最低分，再进行平均. 这也是消除异常数据的一个方法，此时中位数没有变化.

**三、众数**

在统计数据中出现频数较高的数称为**众数**.

与平均数和中位数不同,众数往往不唯一.例 10-2 中 70 和 80 都是这 6 个数据的众数.

# 第三节 变异特征数

变异特征数是描述统计数据之间的差异性或者说分散程度的一个量.变异特征数有多种估计方法,常用的有极差和方差两种.

**一、极差**

设有统计数据 $x_1, x_2, \cdots, x_n$, $x_1^*$ 和 $x_n^*$ 分别为其最小值和最大值,则称最大值和最小值的差

$$R = x_n^* - x_1^*$$

为数据 $x_1, x_2, \cdots, x_n$ 的**极差**.

极差也称**全距**.

显然,数据越分散,数据的变异程度越大,极差也越大.反之,如果数据越集中,数据之间的差异越小,极差也越小.因此,极差是反映统计数据分散程度的最简单的度量指标.

**二、方差和标准差**

设 $\bar{x}$ 为统计数据 $x_1, x_2, \cdots, x_n$ 的平均数,称各数据与平均数差的平方的如下形式的平均数

$$S^2 = \frac{1}{n-1}\left[(x_1 - \bar{x})^2 + (x_2 - \bar{x})^2 + \cdots + (x_n - \bar{x})^2\right]$$

$$= \frac{1}{n-1}\sum_{i=1}^{n}(x_i - \bar{x})^2$$

为数据 $x_1, x_2, \cdots, x_n$ 的**样本方差**,简称**方差**.

方差的平方根

$$S = \sqrt{\frac{1}{n-1}\sum_{i=1}^{n}(x_i - \bar{x})^2}$$

称为**标准差**.

标准差的量纲（单位）和原始统计数据的量纲一致.

方差和标准差都是非负值,方差越大,各统计数据偏离其平均数的程度越大,数据越分散;反之,方差越小,数据偏离平均值的程度越小,数据越集中在平均值附近.特别地,如果方差等于零,意味着所有观测得到的数据都相同.

相对于极差,方差的计算要繁琐得多,但是,若令

$$x_i{}' = x_i - c$$

其中,$c$ 为适当确定的常数. 设 $x_1{}', x_2{}', \cdots, x_n{}'$ 的平均数为 $\overline{x}'$,方差为 $S'^2$,即

$$S'^2 = \frac{1}{n-1} \sum_{i=1}^{n} (x_i{}' - \overline{x}')^2 .$$

我们有

$$S^2 = S'^2 .$$

事实上,

$$\begin{aligned} S'^2 &= \frac{1}{n-1} \sum_{i=1}^{n} (x_i - \overline{x})^2 \\ &= \frac{1}{n-1} \sum_{i=1}^{n} \left[ (x'_i + c) - (\overline{x'} + c) \right]^2 \\ &= \frac{1}{n-1} \sum_{i=1}^{n} (x'_i - \overline{x'})^2 = S'^2 . \end{aligned}$$

**例 10-3**　以家庭为单位调查 10 个家庭,得到某商品的需求量（单位:kg）:

　　5　3.5　3　2.7　2.4　2.5　2　1.5　1.2　1.2

求:(1) 极差 $R$;(2) 方差 $S^2$ 和标准差 $S$.

**解**　(1) 所给数据中的最小值是 1.2,最大值是 5,因此,极差

$$R = 5 - 1.2 = 3.8 \ (\text{kg});$$

(2) $\overline{x} = \dfrac{1}{10} (5 + 3.5 + 3 + 2.7 + 2.4 + 2.5 + 2 + 1.5 + 1.2 + 1.2)$

$$= 2.5 ,$$

$$S^2 = \frac{1}{9}\big[(5-2.5)^2 + (3.5-2.5)^2 + (3-2.5)^2$$
$$+ (2.7-2.5)^2 + (2.4-2.5)^2 + (2.5-2.5)^2$$
$$+ (2-2.5)^2 + (1.5-2.5)^2 + (1.2-2.5)^2$$
$$+ (1.2-2.5)^2\big]$$
$$= 0.998.$$

因此，

$$S = \sqrt{S^2} = \sqrt{0.998} \approx 0.999(\text{kg}).$$

# 习 题 十

设有统计数据

54　67　68　78　70　66　67　70　65　69

（1）适当确定组距，画出频数直方图、频率直方图和累积频率直方图；

（2）求出平均数、中位数和众数等位置特征数；

（3）求出极差、方差和标准差等变异特征数.

# 附录一　　标准正态分布数值表

$$\Phi(x) = \int_{-\infty}^{x} \frac{1}{\sqrt{2\pi}} e^{-\frac{t^2}{2}} dt$$

| X | 0.00 | 0.01 | 0.02 | 0.03 | 0.04 | 0.05 | 0.06 | 0.07 | 0.08 | 0.09 |
|---|---|---|---|---|---|---|---|---|---|---|
| 0.0 | 0.500 0 | 0.504 0 | 0.508 0 | 0.512 0 | 0.516 0 | 0.519 9 | 0.523 9 | 0.527 9 | 0.531 9 | 0.535 9 |
| 0.1 | 0.539 8 | 0.543 8 | 0.547 8 | 0.551 7 | 0.555 7 | 0.559 6 | 0.563 6 | 0.567 5 | 0.571 4 | 0.575 3 |
| 0.2 | 0.579 3 | 0.583 2 | 0.587 1 | 0.591 0 | 0.594 8 | 0.598 7 | 0.602 6 | 0.606 4 | 0.610 3 | 0.614 1 |
| 0.3 | 0.617 9 | 0.621 7 | 0.625 5 | 0.629 3 | 0.633 1 | 0.636 8 | 0.640 4 | 0.644 3 | 0.648 0 | 0.651 7 |
| 0.4 | 0.655 4 | 0.659 1 | 0.662 8 | 0.666 4 | 0.670 0 | 0.673 6 | 0.677 2 | 0.680 8 | 0.684 4 | 0.687 9 |
| 0.5 | 0.691 5 | 0.695 0 | 0.698 5 | 0.701 9 | 0.705 4 | 0.708 8 | 0.712 3 | 0.715 7 | 0.719 0 | 0.722 4 |
| 0.6 | 0.725 7 | 0.729 1 | 0.732 4 | 0.735 7 | 0.738 9 | 0.742 2 | 0.745 4 | 0.748 6 | 0.751 7 | 0.754 9 |
| 0.7 | 0.758 0 | 0.761 1 | 0.764 2 | 0.767 3 | 0.770 3 | 0.773 4 | 0.776 4 | 0.779 4 | 0.782 3 | 0.785 2 |
| 0.8 | 0.788 1 | 0.791 0 | 0.793 9 | 0.796 7 | 0.799 5 | 0.802 3 | 0.805 1 | 0.807 8 | 0.810 6 | 0.813 3 |
| 0.9 | 0.815 9 | 0.818 6 | 0.821 2 | 0.823 8 | 0.826 4 | 0.828 9 | 0.835 5 | 0.834 0 | 0.836 5 | 0.838 9 |
| 1.0 | 0.841 3 | 0.843 8 | 0.846 1 | 0.848 5 | 0.850 8 | 0.853 1 | 0.855 4 | 0.857 7 | 0.859 9 | 0.862 1 |
| 1.1 | 0.864 3 | 0.866 5 | 0.868 6 | 0.870 8 | 0.872 9 | 0.874 9 | 0.877 0 | 0.879 0 | 0.881 0 | 0.883 0 |
| 1.2 | 0.884 9 | 0.886 9 | 0.888 8 | 0.890 7 | 0.892 5 | 0.894 4 | 0.896 2 | 0.898 0 | 0.899 7 | 0.901 5 |
| 1.3 | 0.903 2 | 0.904 9 | 0.906 6 | 0.908 2 | 0.909 9 | 0.911 5 | 0.913 1 | 0.914 7 | 0.916 2 | 0.917 7 |
| 1.4 | 0.919 2 | 0.920 7 | 0.922 2 | 0.923 6 | 0.925 1 | 0.926 5 | 0.927 9 | 0.929 2 | 0.930 6 | 0.931 9 |
| 1.5 | 0.933 2 | 0.934 5 | 0.935 7 | 0.937 0 | 0.938 2 | 0.939 4 | 0.940 6 | 0.941 8 | 0.943 0 | 0.944 1 |
| 1.6 | 0.945 2 | 0.946 3 | 0.947 4 | 0.948 4 | 0.949 5 | 0.950 5 | 0.951 5 | 0.952 5 | 0.953 5 | 0.953 5 |
| 1.7 | 0.955 4 | 0.956 4 | 0.957 3 | 0.958 2 | 0.959 1 | 0.959 9 | 0.960 8 | 0.961 6 | 0.962 5 | 0.963 3 |
| 1.8 | 0.964 1 | 0.964 8 | 0.965 6 | 0.966 4 | 0.967 2 | 0.967 8 | 0.968 6 | 0.969 3 | 0.970 0 | 0.970 6 |
| 1.9 | 0.971 3 | 0.971 9 | 0.972 6 | 0.973 2 | 0.973 8 | 0.974 4 | 0.975 0 | 0.975 6 | 0.976 2 | 0.976 7 |
| 2.0 | 0.977 2 | 0.977 8 | 0.978 3 | 0.978 8 | 0.979 3 | 0.979 8 | 0.980 3 | 0.980 8 | 0.981 2 | 0.981 7 |
| 2.1 | 0.982 1 | 0.982 6 | 0.983 0 | 0.983 4 | 0.983 8 | 0.984 2 | 0.984 6 | 0.985 0 | 0.985 4 | 0.985 7 |
| 2.2 | 0.986 1 | 0.986 4 | 0.986 8 | 0.987 1 | 0.987 4 | 0.987 8 | 0.988 1 | 0.988 4 | 0.988 7 | 0.989 0 |
| 2.3 | 0.989 3 | 0.989 6 | 0.989 8 | 0.990 1 | 0.990 4 | 0.990 6 | 0.990 9 | 0.991 1 | 0.991 3 | 0.991 6 |
| 2.4 | 0.991 8 | 0.992 0 | 0.992 2 | 0.992 5 | 0.992 7 | 0.992 9 | 0.993 1 | 0.993 2 | 0.993 4 | 0.993 6 |
| 2.5 | 0.993 8 | 0.994 1 | 0.994 1 | 0.994 3 | 0.994 5 | 0.994 6 | 0.994 8 | 0.994 9 | 0.995 1 | 0.995 2 |
| 2.6 | 0.995 3 | 0.995 5 | 0.995 6 | 0.995 7 | 0.995 9 | 0.996 0 | 0.996 1 | 0.996 2 | 0.996 3 | 0.996 4 |
| 2.7 | 0.996 5 | 0.996 6 | 0.996 7 | 0.996 8 | 0.996 9 | 0.997 0 | 0.997 1 | 0.997 2 | 0.997 3 | 0.997 4 |
| 2.8 | 0.997 4 | 0.997 5 | 0.997 6 | 0.997 7 | 0.997 7 | 0.997 8 | 0.997 9 | 0.997 9 | 0.998 0 | 0.998 1 |
| 2.9 | 0.998 1 | 0.998 2 | 0.998 2 | 0.998 3 | 0.998 4 | 0.998 4 | 0.998 5 | 0.998 5 | 0.998 6 | 0.998 6 |
| 3.0 | 0.99865 | 0.99869 | 0.99874 | 0.99878 | 0.99882 | 0.99886 | 0.99889 | 0.99893 | 0.99897 | 0.99900 |
| 3.1 | 0.99903 | 0.99906 | 0.99910 | 0.99913 | 0.99916 | 0.99918 | 0.99921 | 0.99924 | 0.99926 | 0.99929 |
| 3.2 | 0.99931 | 0.99934 | 0.99936 | 0.99938 | 0.99940 | 0.99942 | 0.99944 | 0.99946 | 0.99948 | 0.99950 |
| 3.3 | 0.99952 | 0.99953 | 0.99955 | 0.99957 | 0.99958 | 0.99960 | 0.99961 | 0.99962 | 0.99964 | 0.99965 |
| 3.4 | 0.99966 | 0.99968 | 0.99969 | 0.99970 | 0.99971 | 0.99972 | 0.99973 | 0.99974 | 0.99975 | 0.99976 |
| 3.5 | 0.99977 | 0.99978 | 0.99978 | 0.99979 | 0.99980 | 0.99981 | 0.99981 | 0.99982 | 0.99983 | 0.99983 |

# 附录二　习题答案

## 第一部分　初等微积分

### 习　题　一

1. (1) 相同；　(2) 不相同；　(3) 不相同.

2. (1) $\left[-\dfrac{2}{3},+\infty\right)$；　　　　　(2) $(0,1)\bigcup(1,4]$；

   (3) $(-\infty,-2)\bigcup(2,+\infty)$；　　(4) $x\neq k\pi+\dfrac{\pi}{4}$；

   (5) $[1,5]$.

3. $6\dfrac{3}{4}$，$x^2+x+\dfrac{1}{x}+\dfrac{1}{x^2}$.

4. $t^6+1$，$t^6+2t^3+1$，$x^3+3x^2+3x+2$，$x^3+2$.

5. (1) 偶函数；　(2) 奇函数；　(3) 偶函数；　(4) 偶函数；　(5) 非奇非
   偶函数；　(6) 奇函数；　(7) 非奇非偶函数；　(8) 非奇非偶函数.

6. (1) 递增；　(2) 递减；　(3) 递增；　(4) 递增.

7. (1) $6\pi$；　(2) $2\pi$；　(3) $\pi$；　(4) 不是周期函数.

8. (1) $y=\dfrac{x+3}{4}$，$(-\infty,+\infty)$；(2) $y=3(x-2)^2$，$[2,+\infty)$；

   (3) $y=\mathrm{e}^{x-1}-1$，$(-\infty,+\infty)$；(4) $y=\dfrac{1-x}{1+x}$，$(-\infty,-1)\bigcup(-1,+\infty)$；

   (5) $y=\log_2\dfrac{x}{1-x}$，$(0,1)$.

## 习 题 二

1.（1）不存在；　（2）存在，1；　（3）存在，1；　（4）不存在.

2. $3/2,-1,2$.

3.（1）存在，1；　（2）不存在；　（3）存在，0.

4.（1）2；　（2）2；　（3）0；　（4）0；　（5）26；
（6）$-1/3$；（7）9；　（8）5/2；　（9）$-3/4$；（10）0；
（11）1/3；　（12）$\infty$；　（13）0；　（14）1/2；（15）1/2；
（16）0；　（17）$-1$；　（18）1/3；（19）4/5；（20）1；
（21）1；　（22）1/2；　（23）$e^{-1}$；　（24）$e^{-2}$；（25）$e^4$；
（26）$e^2$；　（27）$e^4$；　（28）$e^3$；　（29）e.

5.（1）$\cos 1$；　（2）0；　（3）$\sqrt{e}$；　（4）$\dfrac{\pi}{4}$.

（5）2；　　（6）1/2；　（7）1.

6.（1）2；　（2）$-1/2$；　（3）1/2；　（4）$e^{-3}$.

## 习 题 三

1. $4x+1,1,5$.

3.（1）$-f'(x_0)$；　（2）$f'(x)$.

4.（1）$5x^4$；　（2）$\dfrac{2}{5}x^{-\frac{3}{5}}$；　（3）$\dfrac{1}{x\ln 2}$；

（4）$-\dfrac{3}{x^4}$；　（5）$\dfrac{7}{2}x^{\frac{5}{2}}$；　（6）$\dfrac{7}{6}x^{\frac{1}{6}}$.

5. $y=1,x=0$.

6.（1）$12x-y-16=0$，$x+12y-98=0$；
（2）$(1,1),(-1,-1)$.

7.（1）连续不可导；　（2）连续不可导.

8.（1）$4x^3+\dfrac{4}{3}x^{\frac{1}{3}}+2x^{-3}$；　（2）$\sin x+\cos x$；
（3）$-\dfrac{1}{x^2}+\dfrac{1}{2\sqrt{x}}$；　　　（4）$2^x\cdot\ln 2\cdot\ln x+\dfrac{2^x}{x}$；
（5）$60x^4-39x^2-6x-4$；（6）$\sec x\tan^2 x+\sec^3 x$；
（7）$\dfrac{1}{2\sqrt{x}}\ln x+\dfrac{\sqrt{x}}{x}$；　　（8）$-\dfrac{4x}{(1+x^2)^2}$；

(9) $\dfrac{1-\ln x}{x^2}$;　　　　　　(10) $-\dfrac{2}{x(1+\ln x)^2}$;

(11) $\dfrac{\sin x+\cos x+x\sin x-x\cos x+1}{(x+\sin x)^2}$;

(12) $3x^2 3^x\cos x+\ln 3\cdot x^3 3^x\cos x-x^3 3^x\sin x$;

(13) $\arcsin x+\dfrac{x}{\sqrt{1-x^2}}$;　　(14) $-\dfrac{1}{x(1+x^2)}-\dfrac{\operatorname{arccot} x}{x^2}$.

9. (1) $15(2x^2+1)(2x^3+3x-5)^4$;　　(2) $-\dfrac{x}{\sqrt{2-x^2}}$;

(3) $-(2x+1)\sin(x^2+x+1)$;　　(4) $\dfrac{2x+3}{2\sqrt{x(x+3)}}$;

(5) $-\dfrac{x+1}{(x^2+2x+3)^{\frac{3}{2}}}$;　　(6) $-\dfrac{2}{1+4x^2}$;

(7) $-\tan x$;　　(8) $\dfrac{3\ln^2 x}{x}$;

(9) $\dfrac{2x}{\sqrt{1-x^4}}$;　　(10) $\cos x\cdot\cos(\sin x)$;

(11) $\dfrac{3}{\sqrt{4-x^2}}(\arcsin\dfrac{x}{2})^2$;

(12) $\dfrac{1}{2\sqrt{x}}\cos\sqrt{x}+\dfrac{\cos x}{2\sqrt{\sin x}}$;

(13) $\tan\dfrac{1}{x}-\dfrac{1}{x}\sec^2\dfrac{1}{x}$;

(14) $\sqrt{\dfrac{1-x}{1+x}}-\dfrac{x}{(1+x)^2}\sqrt{\dfrac{1+x}{1-x}}$;

(15) $-e^{-x}-\dfrac{1}{x^2}e^{\frac{1}{x}}$;　　(16) $\sec^2 x+2x\sec^2 x\tan x$;

(17) $-\dfrac{1}{\sqrt{1-x^2}}$;　　(18) $\dfrac{4}{(e^x+e^{-x})^2}$;

(19) $\dfrac{\ln x}{x\sqrt{1+\ln^2 x}}$;　　(20) $\csc x$;

(21) $-\dfrac{1}{\sqrt{x^2+a^2}}$;　　(22) $\dfrac{1}{2\sqrt{x}(1+x)}e^{\arctan\sqrt{x}}$;

(23) $x^x(\ln x+1)$;

(24) $(\sin x)^{\cos x}\left[\dfrac{\cos^2 x}{\sin x}-\sin x\ln(\sin x)\right].$

10. (1) $2a$;　　　　　　　　　　　　　　(2) $-\dfrac{2x}{(1+x^2)^2}$;

　(3) $y=2\sec^2 x\tan x$;　　　　　　　(4) $2e^x+xe^x$;

　(5) $2\ln x+3$;　　　　　　　　　　　(6) $-\sec^2 x$;

　(7) $6x\cos(x^3+1)-9x^4\sin(x^3+1)$;

　(8) $-x(x^2+a^2)^{-\frac{3}{2}}$.

11. (1) $\cos\left(x+\dfrac{n\pi}{2}\right)$;　　　　　　　(2) $(-1)^{n+1}(n-1)!\dfrac{1}{x^n}$.

12. (1) $\dfrac{xe^x-e^x+1}{x^2}\mathrm{d}x$;　　　　　　(2) $-\sin 2x\,\mathrm{d}x$;

　(3) $\dfrac{3}{1+9x^2}\mathrm{d}x$;　　　　　　　(4) $\dfrac{1+2x}{2\sqrt{x+x^2}}\mathrm{d}x$;

　(5) $2x\sin(2x^2-2)\mathrm{d}x$;　　　　　(6) $2xe^{2x}(x+1)\mathrm{d}x$;

　(7) $\dfrac{1}{2}\cot\dfrac{x}{2}\mathrm{d}x$;

　(8) $(\ln^2 x\cdot\sin x+2\ln x\cdot\sin x+x\cdot\ln^2 x\cdot\cos x)\mathrm{d}x$.

13. (1) 2.0025;　(2) 0.5076.

14. 32.1536cm³.

15. 单调减少.

16. 单调增加.

17. (1) $(0,2)$ 内单调递减,$(-\infty,0)$ 和 $(2,+\infty)$ 内单调递增,极大值7,极小值3;

　(2) $(0,+\infty)$ 内单调递减,$(-\infty,0)$ 内单调递增,极大值$-1$;

　(3) $(-2,0)$ 和 $(0,2)$ 内单调递减,$(-\infty,-2)$ 和 $(2,+\infty)$ 内单调递增,极大值$-8$,极小值8;

　(4) $(-\infty,-1)$ 内单调递减,$(-1,+\infty)$ 内单调递增,极小值$-\dfrac{1}{e}$.

18. 三边长分别为 10,10,20.

19. $\sqrt{\dfrac{48}{\pi+4}}$.

20. 边长为 $\dfrac{l}{4}$.

21. 3000.

22. 0.2.

23. (1) 1875, $\dfrac{25}{12}$;

　(2) 1.5元/个, 在生产第900个产品基础上再生产1个产品, 成本将增加 1.5 元.

24. 50000 件, 30000 元.

25. 1000 个, 4000 元.

## 习 题 四

1. $y = x^2 + 1$.

2. (1) $-\dfrac{1}{x} + C$;

   (2) $\dfrac{3}{10}x^{\frac{10}{3}} + C$;

   (3) $2\sqrt{x} + C$;

   (4) $2\sqrt{x} + \dfrac{2}{5}x^{\frac{5}{2}} + C$;

   (5) $\dfrac{6}{5}x^5 + C$;

   (6) $\dfrac{2^x}{\ln 2} + \dfrac{3^x}{\ln 3} + C$;

   (7) $x + e^x + C$;

   (8) $2x - 2\arctan x + C$;

   (9) $\dfrac{x - \sin x}{2} + C$;

   (10) $4\ln|x| + C$;

   (11) $\dfrac{3^x e^x}{1 + \ln 3} + C$;

   (12) $e^x - x + C$;

   (13) $\tan x - x + C$;

   (14) $-4\cot x + C$.

3. (1) $\dfrac{1}{a}$;　(2) $\dfrac{1}{6}$;　(3) $-\dfrac{1}{2}$;　(4) $\dfrac{1}{2}$;

   (5) $-\dfrac{1}{3}$;　(6) $-1$;　(7) $\dfrac{1}{2}$;　(8) $\dfrac{1}{3}$.

4. (1) $-\dfrac{1}{15}(3 - 5x)^3 + C$;

   (2) $-\dfrac{2}{3}(2 - 3x)^{\frac{1}{2}} + C$;

   (3) $\dfrac{1}{5}e^{5x} + C$;

   (4) $-\dfrac{1}{6}\cos(6x + 3) + C$;

   (5) $\dfrac{1}{2}\ln(1 + x^2) + C$;

   (6) $-2\cos\sqrt{x} + C$;

   (7) $\arctan e^x + C$;

   (8) $\dfrac{1}{14}(x^2 + 1)^7 + C$;

   (9) $\dfrac{1}{4}\ln^4 x + C$;

   (10) $\dfrac{1}{2}\arctan 2x + C$;

(11) $\ln(x^2 - 3x + 5) + C$;　　　　(12) $\frac{1}{5}\ln\left|\frac{x-4}{x+1}\right| + C$;

(13) $\frac{\sqrt{3}}{3}\arctan\frac{x+1}{\sqrt{3}} + C$;　　　　(14) $\frac{\sin 2x}{4} + \frac{x}{2} + C$;

(15) $\frac{1}{3}\arcsin\frac{3x}{2} + C$;　　　　(16) $\sin x - \frac{\sin^3 x}{3} + C$;

(17) $-\frac{1}{\arcsin x} + C$;　　　　(18) $2\tan^{\frac{1}{2}}x + C$;

(19) $\ln|\sin x| + c$;　　　　(20) $\tan x + \frac{1}{3}\tan^3 x + C$.

5. (1) $> 0$;　(2) $< 0$;　(3) $> 0$;　(4) $> 0$.

6. (1) $>$;　　(2) $<$.

7. (1) $\sin^2 x$;　(2) $-\ln(1 + x^2)$;

(3) $2x\sqrt{1 + x^4}$;　(4) $\frac{2x}{\sqrt{1 + x^8}} - \frac{1}{\sqrt{1 + x^4}}$.

8. $24\frac{1}{2}$.

9. (1) $\frac{21}{8}$;　　(2) $\frac{271}{6}$;　　(3) $\ln 2$;　　(4) $1 + \frac{\pi}{4}$;

(5) $-\frac{\pi}{6}$;　(6) $\frac{\pi}{6}$;　(7) $-\frac{\ln 5}{12}$;　(8) $\frac{1}{2}$;

(9) $\frac{4}{3}$;　　(10) $1 - \frac{\pi}{4}$;　(11) $\frac{8}{3}$;

(12) $e^{-1} - e^{-2} + \frac{1}{3}$.

10. $e - 1$.

11. $\frac{17}{64}$.

12. $\frac{1}{3}$.

13. $4\frac{1}{2}$.

14. $0.25$，约有 $46.5\%$ 的人收入在平均水平之下.

# 第二部分　线性代数简介

## 习 题 五

1. (1) 0；　(2) 8；　(3) $-abc$；　(4) 0.

2. $M_{12} = 19$，$M_{31} = 7$，$A_{12} = -19$，$A_{31} = 7$.

3. (1) $2xy(x+y)$；　(2) $4abc$；　(3) $-48$；　(4) 1；

(5) $-160$；　(6) $(a^2 - b^2)^2$.

4. $a\begin{vmatrix} 0 & -1 & -1 \\ -1 & -1 & 1 \\ -1 & 1 & 0 \end{vmatrix} - b\begin{vmatrix} 1 & 0 & 1 \\ -1 & -1 & 1 \\ -1 & 1 & 0 \end{vmatrix}$

$+ c\begin{vmatrix} 1 & 0 & 1 \\ 0 & -1 & -1 \\ -1 & 1 & 0 \end{vmatrix} - d\begin{vmatrix} 1 & 0 & 1 \\ 0 & -1 & -1 \\ -1 & -1 & 1 \end{vmatrix}$

$= 3a + 3b + 0c + 3d.$

5. (1) $x_1 = 1$，$x_2 = 0$，$x_3 = 2$；　(2) $x_1 = 1$，$x_2 = -2$，$x_3 = 0$，$x_4 = \dfrac{1}{2}$.

6. (1) 无非零解；　(2) 有非零解.

7. $k \neq -1$ 且 $k \neq -2$ 时只有零解；　$k = -1$ 或 $k = -2$ 时有非零解.

## 习 题 六

1. (1) $\begin{bmatrix} 7 & 2 & -2 \\ 5 & 4 & -7 \\ -2 & 9 & 4 \end{bmatrix}$；　(2) $\boldsymbol{A} - \boldsymbol{B} = \begin{bmatrix} -1 & -2 & -1 \\ 4 & -1 & 1 \\ -4 & 3 & -1 \end{bmatrix}$.

2. $\boldsymbol{X} = \begin{pmatrix} -1 & -1 \\ -1 & -2 \end{pmatrix}$.

3. $|3\boldsymbol{A}| = -27$，$3|\boldsymbol{A}| = -3$，$|k\boldsymbol{A}| = k^n\boldsymbol{A}$.

4. (1) $\begin{pmatrix} 3 & 0 \\ 1 & -10 \end{pmatrix}$；　(2) $\begin{pmatrix} 0 & 14 & -3 \\ 17 & 13 & 10 \end{pmatrix}$；

(3) $\begin{pmatrix} 2 & -1 & 1 & 3 \\ 4 & -2 & 2 & 6 \\ 6 & -3 & 3 & 9 \\ 8 & -4 & 4 & 12 \end{pmatrix}$;

(4) $(2 \quad -1 \quad 1 \quad 3) \begin{pmatrix} 1 \\ 2 \\ 3 \\ 4 \end{pmatrix} = (15)$; (5) $\begin{pmatrix} 9 & -2 & -1 \\ 9 & 9 & 11 \end{pmatrix}$;

(6) $(a_{11}x_1^2 + a_{22}x_2^2 + a_{33}x_3^2 + a_{12}x_1x_2 + a_{23}x_2x_3 + a_{13}x_1x_3$
$+ a_{21}x_2x_1 ++ a_{32}x_3x_2 + a_{31}x_3x_1)$.

5. $\boldsymbol{A}^{\mathrm{T}}\boldsymbol{B}^{\mathrm{T}} = \begin{pmatrix} 0 & 0 & -6 \\ 3 & 1 & -5 \\ 6 & -4 & 5 \end{pmatrix}$; $(\boldsymbol{BA})^{\mathrm{T}} = \begin{pmatrix} 0 & 0 & -6 \\ 3 & 1 & -5 \\ 6 & -4 & 5 \end{pmatrix}$;

$(\boldsymbol{AB})^{\mathrm{T}} = \begin{pmatrix} 5 & 4 & -2 \\ 0 & -3 & -3 \\ -1 & 10 & 4 \end{pmatrix}$; $(\boldsymbol{A}^{\mathrm{T}})^2 = \begin{pmatrix} 6 & 6 & -3 \\ 8 & 13 & -2 \\ 1 & 8 & 5 \end{pmatrix}$.

6. $\begin{pmatrix} a & b \\ 0 & a \end{pmatrix}$.

7. $\begin{cases} z_1 = 5x_1 + 18x_2, \\ z_2 = 14x_1 + 28x_2. \end{cases}$

# 习 题 七

(1) $\begin{cases} x_1 = 2, \\ x_2 = 1, \\ x_3 = -3. \end{cases}$

(2) $\begin{cases} x_1 = -3 + x_3 - x_4, \\ x_2 = -4 + x_3 + x_4, \end{cases}$ 其中 $x_3, x_4$ 为任意常数.

(3) 无解.

(4) $\begin{cases} x_1 = -8, \\ x_2 = 3 + x_4, \\ x_3 = 6 + 2x_4, \end{cases}$ $x_4$ 为任意常数.

(5) $\begin{cases} x_1 = -2x_2 + x_4, \\ \quad x_3 = 0, \end{cases}$　其中 $x_2, x_4$ 为任意常数.

(6) 只有零解.

# 第三部分　　概率统计初步

## 习 题 八

1. (1) $\Omega = \{(1,1),(1,2),(1,3),(2,1),(2,2),(2,3),(3,1),(3,2),$
   $(3,3)\}$
   $\quad = \{(i,j) \mid i,j = 1,2,3\};$

   (2) $\Omega = \{(1,2),(1,3),(2,1),(2,3),(3,1),(3,2)\}$
   $\quad = \{(i,j) \mid i \neq j, i,j = 1,2,3\};$

   (3) $\Omega = \{1 \text{ 和 } 2, 1 \text{ 和 } 3, 2 \text{ 和 } 3\}.$

2. $\Omega = \{(1,1),(1,2),\cdots,(1,6),(2,1),(2,2),\cdots,(2,6),\cdots,(6,6)\}$
   $\quad = \{(i,j) \mid i,j = 1,2,3,4,5,6\};$
   $A = \{(1,1),(2,2),(3,3),(4,4),(5,5)\}.$

3. (1) $A\bar{B}\bar{C}$;　(2) $ABC$;　(3) $A \bigcup B \bigcup C = \overline{\bar{A}\bar{B}\bar{C}}$;
   (4) $AB\bar{C} \bigcup A\bar{B}C \bigcup \bar{A}BC$;　(5) $\overline{ABC}$;　(6) $\overline{\bar{A}\bar{B}\bar{C}}$.

4. (1) 选出的是三年级的非运动员男生;
   (2) 当英语系的运动员全是三年级学生时,成立 $C \subset B$.

5. $\dfrac{1}{12}$.

6. $\dfrac{12}{55}$;　$\dfrac{1}{6}$.

7. $\dfrac{C_{10}^5 C_{20}^5}{C_{30}^{10}}$;　$\dfrac{C_{20}^{10} + C_{20}^9 C_{10}^1 + C_{20}^8 C_{10}^2}{C_{30}^{10}}$;　$1 - \dfrac{C_{20}^{10} + C_{20}^9 C_{10}^1}{C_{30}^{10}}$.

8. $\dfrac{1}{6}$.

9. $0.25$.

10. $\dfrac{2}{105}$.

11. 0.8.

12. 0.3.

13. $\dfrac{4}{7}$.

14. $\dfrac{11}{36}$; 　$\dfrac{1}{2}$; 　$\dfrac{47}{99}$.

15. 0.98.

16. 0.889.

17. 0.885，0.65.

18. 0.64.

19. 0.952.

20. 0.997.

21. （1）0.9； 　（2）0.72.

22. （1）0.21； 　（2）0.94.

23. 0.891.

24. 0.0154.

25. 0.99，0.202.

## 习 题 九

1.

| $X$ | 1 | 2 | 3 | 4 | 5 | 6 |
|---|---|---|---|---|---|---|
| $P\{X = x_i\}$ | $\dfrac{1}{6}$ | $\dfrac{1}{6}$ | $\dfrac{1}{6}$ | $\dfrac{1}{6}$ | $\dfrac{1}{6}$ | $\dfrac{1}{6}$ |

2.

| $X$ | 0 | 1 | 2 |
|---|---|---|---|
| $P\{X = x_i\}$ | $\dfrac{28}{45}$ | $\dfrac{16}{45}$ | $\dfrac{1}{45}$ |

3.

| $X$ | 0 | 1 | 2 | 3 |
|---|---|---|---|---|
| $P\{X = x_i\}$ | 0.001 | 0.027 | 0.243 | 0.729 |

4. (1) 0.9641；　(2) 0.9332.

5. (1) 0.2857；　(2) 0.8415.

6. 0.9544.

7. 184.31.

8. 251；　录取.

9. (1) 0.093；　(2) 0.0031

# 习 题 十

(1) 略；

(2) 67.4，67.5，67 或 70；

(3) 24，35.16(31.64)，5.93(5.62).